三农热点面对面丛书

农机选购、使用与维权

仪坤秀　盖致富　王明磊　编著

中国农业出版社

图书在版编目（CIP）数据

农机选购、使用与维权/仪坤秀，盖致富，王明磊编著 . —北京：中国农业出版社，2011.8
（三农热点面对面丛书）
ISBN 978-7-109-15982-2

Ⅰ.①农… Ⅱ.①仪…②盖…③王… Ⅲ.①农业机械-基本知识 Ⅳ.①S22

中国版本图书馆 CIP 数据核字（2011）第 161470 号

中国农业出版社出版
（北京市朝阳区农展馆北路 2 号）
（邮政编码 100125）
责任编辑 黄 宇

中国农业出版社印刷厂印刷　新华书店北京发行所发行
2011 年 10 月第 1 版　2011 年 10 月北京第 1 次印刷

开本：850mm×1168mm　1/32　印张：6.75
字数：106 千字　印数：1~6 000 册
定价：15.00 元
（凡本版图书出现印刷、装订错误，请向出版社发行部调换）

出 版 说 明

　　"三农"问题是党和国家工作的重中之重，在不同时期表现出不同的热点难点。围绕这些热点难点，自 2004 年以来，党中央连续发布了 8 个"三农"问题的一号文件，不断推动"三农"工作。

　　当前"三农"热点难点问题主要有：如何推进农业现代化，如何加快新农村建设，如何统筹城乡发展，如何发展现代农业，如何加快农村基础设施建设和公共服务，如何拓宽农民增收渠道，如何完善农村发展的体制机制以及农民工转移就业、农村生态安全、农产品质量安全，等等。这些问题是一个复杂的社会问题，解决"三农"问题需要社会各界的共同努力。中国农业出版社积极响应党中央和农业部号召，围绕中心、服务大局，立足"三农"发展现实需求，围绕"三农"热点难点问题，坚持"三贴近"原则，面向基层农业行政、科技推广、乡村干部和广大农民，组织专家撰写了《三农热点面对面丛书》。

　　本丛书紧密联系我国农业、农村形势的新变

化，重点围绕发展现代农业和推进社会主义新农村建设，对当前农民和农村干部普遍关注的党的强农惠农政策、农业生产、乡村管理，农民增收和社会保障以及新技术应用等热点难点问题，采用专家与读者面对面交流的形式，理论联系实际，进行深入浅出的回答，观点准确、说理透彻，文字生动、事例鲜活，图文并茂、通俗易懂，具有较强的针对性和说服力。在运作方式上，根据理论联系实际的要求，针对"三农"问题的阶段性特点，分期分批组织实施。丛书突出科学性、针对性、实用性，力求用新技术、新观点、新形式，达到"贴近农业实际、贴近农村生活、贴近农民群众"的要求。

本丛书是广大基层干部、农民和农业院校师生学习和了解理论和形势政策的重要辅助材料，也是社会各界了解"三农"问题的重要窗口。希望本丛书的出版对推动"三农"工作的开展和"三农"问题的研究提供有力的智力支持，也希望广大读者提出好的意见和建议，以便我们更好地改进工作，服务"三农"。

2011 年 6 月

CONTENTS 目录

第一章　农机购置补贴与《国家支持推广的农业机械产品目录》

实施农机购置补贴与制定《国家支持推广的农业机械产品目录》是贯彻落实《中华人民共和国农业机械化促进法》，加快推进我国农机化发展的重要举措。从 2004 年开始，中央财政设立了农机购置补贴专项资金，作为国家"四补贴"支农惠农政策的重要内容。补贴实施 8 年来，补贴资金从 7 000 万元提高到 2011 年的 175 亿元，增加了 249 倍。同时，购机补贴政策的实施，充分调动了农民购机、用机的积极性，改善了农机装备结构，推进了先进农机化技术的普及应用，拉动了农机工业和农机服务业发展，也提升了农机部门的地位，取得了农民受益、装备提升、工业发展的一举多得效果，受到了农民和企业的普遍欢迎。

2005 年，第一轮《国家支持推广的农业机械产品目录》（以下简称《目录》）开始制定，到 2011 年，已进行了两轮《目录》的制定工作。通过《目录》制定工作，有效地促进了农业结构调整，保护了自然资源与生态环境，推广了农业新技术，优化了农机装备结构。

一、农机购置补贴政策的产生

在社会主义市场经济体制中，市场对资源配置起基础性作用，是资源配置的主体，市场经济是资源配置的有效方式。因此，我国经济体制改革的目标取向是建立充满活力的社会主义市场经济体制。但是实践也证明，市场本身也存在一些不能很好地满足社会公共需要的缺陷。以农机购置为例，发展现代农业迫切要求用现代物质条件装备农业，积极推进农机化。农民也有发展农机化的积极性。但购置农机往往一次性投资较大，特别是大中型农机价格较高，对收入低、购买力弱的农民来说，仅靠自身积累自发购买确实难度很大。需求虽很迫切，但资金困难成为制约农民购置农机的主要因素，因而也就不能满足发展先进生产力的要求，这就是市场缺陷，需要政府履行职能加以解决。

党的十六届五中全会提出了建设社会主义新农村的重大历史任务，把提高农机化水平作为推进现代农业建设、建设社会主义新农村的一项重要措施。2004年中央发布1号文件，明确提出要"提高农业机械化水平，对农民个人、农场职工、农机专业户和直接从事农业生产的农机服务组织购置和更新大型农机具给予一定补贴"，并且将农机购置补贴项目上升为中央"两减免、三补贴"的重大支农惠农政策，开始在部分粮食主产区实施。

从宏观上讲，农机购置补贴就是政府履行满足社会公共需要的资源配置职能和促进社会经济发展的宏观调控职能。通过财政资金再分配的补

> **知识点**
>
> 农机购置补贴是国家对农民个人、农场职工、农机专业户和直接从事农业生产的农机作业服务组织购置和更新大型农机具给予的部分补贴。

贴手段，为落实统筹城乡发展，工业反哺农业、城市支持农村的方针，为满足积极发展现代农业，用现代物质条件装备农业，加快推进农机化的社会公共需要，弥补社会资金投入农机困难的市场缺陷，提供必要的财政资金支持，以引导社会资金流向发展现代农业，优化社会资源配置效率，推动资源要素向农业、农村配置，为实现国家战略意图，促进现代化目标实现，提供财政资金保障。

从微观上看，农机购置补贴是党和国家的一项重大支农惠农政策，是一项重要的产业促进政策。一是调动农民购买农机的积极性，增强农民购买农机能力，扩大农户直接受益范围，促进农民增收。二是促进农机装备总量增加和结构优化，提高优势农产品集中产区农机装备水平，提高农业综合生产能力，建设资源节约型、环境友好型农业。三是加

大先进适用农机化技术推广应用力度，提高种植业和养殖业生产关键环节机械化水平，促进丘陵山区、牧区机械化和旱作节水农业发展。四是进一步促进农机工业结构调整和技术进步。

二、农机购置补贴工作管理制度

目前实施农机购置补贴政策的有关规定有：①财政部和农业部联合印发的《农业机械购置补贴专项资金使用管理暂行办法》；②每年农业部办公厅和财政部办公厅印发的《年度农业机械购置补贴实施指导意见》和有关规定；③各省（自治区、直辖市）农机购置补贴实施方案和有关规定。实施农机购置补贴主要有五项管理制度：一是补贴机具实行目录制；二是补贴资金实行省级集中支付制，农民差价购机；三是受益对象实行公示制；四是管理实行监督制；五是成效实行考核制。

农机购置补贴目录由省级农机化主管部门制定。具体的程序是：农业部根据全国农业发展需要和国家产业政策确定补贴机具种类范围，各省（自治区、直辖市）结合本地实际情况，确定具体补贴机具范围；农机生产企业根据农业部和各省、自治区、直辖市确定的补贴机具种类、品目，按照通用类和非通用类分别向农业部和省级农机化主管部门提出补贴产品机型；农业部和各省级农机化主管部门分别汇总并进行分类分档，确定具体补贴额；省级农机化主管部门将通用类和非通用类机具补贴额汇总合并，形成本省年度农机购置补贴目录。补贴机具必须是先进适用、技术成熟、安全可靠、节能环保、服务到位的列入国家或省级支持推广目录的产品。

三、2011 年农机购置补贴资金及补贴机具种类范围

2011 年农机购置补贴资金总规模为 175 亿元，比上年增加 20 亿元，实施范围继续覆盖全国所有农牧业县（场）。为支持春耕备耕，财政部已于 2010 年将 2011 年中央财政第一批农机购置补贴资金 110 亿元指标提前通知省级财政部门。

为合理分配补贴资金，财政部、农业部综合考虑耕地面积、主要农作物产量、农作物播种面积、乡村人口数、农机化发展重点等因素，结合农机购置补贴工作开展情况，科学确定各省（自治区、直辖市、兵团、农垦）资金规模。省级农机化主管部门、财政部门也采用因素法或公式法，科学合理地确定本辖区内项目实施县（场）投入规模。补贴资金重点向粮棉油作物种植大县、畜牧水产养殖大县、

全国农机化示范区县、保护性耕作示范县、全国
100个农作物病虫害专业化防治创建县和1 000个专
业化防治示范县、血吸虫病防疫区（县）、汶川地震
重灾区（县）适当倾斜。

专家提示

2011年补贴机具种类包括：耕整地机械、种植施肥机械、田间管理机械、收获机械、收获后处理机械、农产品初加工机械、排灌机械、畜牧水产养殖机械、动力机械、农田基本建设机械、设施农业设备和其他机械等12大类46个小类180个品目机具。在此基础上，各地还可以在12大类内自行增加不超过30个品目的其他机具列入中央资金补贴范围。

2011年补贴机具种类主要有两方面调整：
一是对补贴范围内的180个品目机具进行适当微
调。根据2011年中央1号文件关于"扩大节水
抗旱设备补贴范围"要求，适应各地抗旱保春耕
农业生产需要，将水井钻机、风力扬水机、抗旱
机泵等抗旱节水机械纳入补贴范围，同时将近年
来农民申购数量较少的药浴机、花生烘干机、理
麻机从全国统一补贴范围中剔除，补贴机具品目
总数保持稳定不变。二是根据各地特色农业发展
需要，将地方自选增加的机具品目数量由20个
增加到30个。

四、农机购置补贴的申请程序及注意事项

(一) 农机购置补贴的对象

享受补贴的对象为直接从事农业生产的农民、牧民、渔民、农场或林场职工，从事农机作业的农业生产经营组织，取得当地工商登记的奶农专业合作社，奶畜养殖场所办生鲜乳收购站和乳品生产企业参股经营的生鲜乳收购站。具体补贴对象按照公平、公正、公开的原则，采取农民易于接受的方式确定。

(二) 购买补贴机具的地点

农民购买补贴农机具必须到由企业确定的补贴产品经销商那里去购买。各省级农机化主管部门通过网络发布、印发文件、报刊宣传、乡村公告等方式公布补贴产品经销商名单。农民可在省域内跨县自主选择补贴产品经销商。

(三) 农机购置补贴办理程序

购机者按照农机化主管部门的规定，携带身份证或户口簿等有效证件至户籍所在地县级农机化主管部门或乡镇设立的报名点，填交申请表；县级农机化主管部门按照公平、公正、公开的原则和有关规定，初步确定拟补贴对象并进行公示；公示无异

议后，购机者与县级农机化主管部门签订农机购置补贴协议；购机者在补贴协议规定的时限内，携带身份证等相关证件、补贴协议到由企业确定的补贴产品经销商那里去购买。

到当地农机主管部门提交农机购置补贴申请

购买补贴产品必须到补贴产品经销商处购买

在申请补贴人数超过计划指标时，为保证公正、公平，农业部、财政部规定了补贴对象的优选条件：农民专业合作组织，农机大户、种粮大户，乳品生产企业参股经营的生鲜乳收购站、奶农专业合作社、奶畜养殖场所办生鲜乳收购站，列入农业部科技入户工程中的科技示范户，"平安农机"示范户。同时，对报废更新农机、购置主机并同时购置配套农具的要优先补贴。申请人员的条件相同或不易认定时，采取农民接受的方式确定。各地严格执行补贴对象公示制度，必须将受益者名单、补贴金额等情况在实施区域内张榜公示，接受群众监督。为方便农民，对价值较低的机具可采取购机和公示同时进行的办法。

补贴对象公示

（四）购买补贴机具注意事项

农民购买补贴机具时，要注意以下几方面的问题：一是自主谈价。目前农机购置补贴目录中不再确定补贴机具最高限价，价格由市场竞争形成。农民可与经销商谈价议价。二是差价购机。农民购机时只需支付机具销售价格扣除补贴额。三是及时索要正规购机发票。发票上要注明购机者姓名、所购机具生产厂家及型号、出厂编号（动力机械还要注明发动机编号）、销售价格、补贴金额、购机日期等。要保存好购机发票的原件，作为享受"三包"服务的凭证，同时发票副联或复印件应交给县级农机化主管部门存档。四是购机后要及时告知县级农机化主管部门核实登记机具。实施牌证管理的机具还需及时办理牌证。五是为防止有人享受补贴购机后倒卖获利,农业部、财政部规定享受补贴购买的农机具,两年内不得擅自转卖。因特殊情况需转卖的,须经县级农机化主管部门批准,并报省级农机化主管部门备案。

五、农机购置补贴资金结算方式

农机购置补贴实行农民差价购机,补贴资金由省级财政与农机生产或经销企业结算。具体程序是:企业凭补贴协议和发票存根定期向省级农机化主管部门提出申请,省级农机化主管部门核实无误后,出具结算确认清单,并向省级财政部门提出结算申请。省级财政部门予以审核并及时与企业结算补贴资金。

小贴士

差价购机:购机农民只需要缴纳扣除补贴额的差价款,就可提货。这样可以减轻农民一次性筹款难度,降低农民的购机成本,调动农民购机用机的积极性,拉动需求,促进农机工作发展。同时,为了支持农民购机,国家明确规定:允许农民以拟购买的农机作为抵押物向金融机构贷款。

六、补贴机具的产品质量保障措施

农机产品质量直接关系到农民的切身利益。要采取一定措施，以确保补贴机具产品质量。

一是加强农机产品鉴定工作。我国《农业机械化促进法》要求，享受补贴的产品必须是经过农机试验鉴定机构进行先进性、适用性、安全性和可靠性鉴定合格的产品。

二是完善《国家支持推广的农业机械产品目录》管理。合理调整国家和省级支持推广目录结构。加强评审把关，切实将先进适用、技术成熟、安全可靠、节能环保、服务到位的农机纳入目录。

三是充分保障农民自主选择权。农民可对列入目录的农机产品性能配置等进行综合比较，进一步优中选优，自主选购质量可靠、性价比高的满意产品。各地不得向购机农民强行推荐产品。

四是加强补贴产品质量投诉受理和质量调查。各级农机化主管部门要设立质量投诉电话，及时受理农民质量举报投诉；定期开展补贴产品质量跟踪调查，加强质量督导。对于违反规定、产品质量下降、服务不到位的企业，应及时取消补贴资格。

农机出现质量问题，首先应依法向补贴产品供货方提出"三包"要求，协商解决。无法达成一致意

见的，可按程序向当地农机质量监督部门投诉，也可向法院起诉解决。补贴实施过程中出现的违规操作问题，可向各级农机

化主管部门反映。各省、市、县都设立了农机质量投诉和售后服务监督热线，已经在中国农机化信息网（http：//www. amic. agri. gov. cn）和各省农机化信息网上公布，随时接受电话投诉和反映情况。

七、农机购置补贴工作对农机生产和经销企业的要求

一是严禁借扩大农机购置补贴之机乱涨价。同一产品销售给享受补贴的农民的价格不得高于销售给不享受补贴的农民的价格。

二是要向农民提供质量合格的产品和周到的服务。切实履行好"三包"规定中的各项服务。机具在作业季节出现故障时，生产企业或经销商应及时到达作业现场；企业服务中心要有充足的零配件供应；要提供必要的技术和操作使用培训。

三是严格遵守农机购置补贴有关规定。严禁参与倒卖补贴机具、套取国家补贴资金、利用不正当手段

推销产品等违规活动。对违法违规操作的生产企业要及时取消补贴资格。

四是农机生产企业要加强对经销商的管理。对经销商违法违规的行为，企业要承担相应连带责任。

五是及时汇总补贴机具销售情况，并经县级农机化主管部门核实，提出补贴资金结算申请。

八、农机化部门开展农机购置补贴工作的内容及纪律要求

省级农机化主管部门主要有七项工作：①制定本省年度补贴资金使用方案并负责组织实施；②制定本省补贴产品目录，上报农业部备案并向社会公布；③根据企业推荐汇总公布农机购置补贴产品经销商；④审核汇总各县的购机情况，同时审核供货方上报的补贴资金汇总情况，核对一致后出具结算清单，向省级财政部门提出结算申请；⑤对本省农机购置补贴实施情况进行指导和监督检查；⑥及时调查处理投诉并上报；⑦做好政策宣传和补贴信息及实施进展情况的统计上报。

市、县级农机化主管部门主要有六项工作：①做好农机购置补贴政策的宣传，利用公告、报纸、广播、电视、网络等多种形式将补贴政策和目录告知农民；②受理农民购机申请，指导农民填写申请

表；③按照公平公正公开的原则和有关规定初选补贴对象，并在县或乡镇范围内公示；④与享受补贴的购机者签订农机购置补贴协议；⑤对农民购机和企业供货情况进行核实、登记、编号、喷漆并建立档案，及时汇总上报；⑥做好日常服务和监管工作。

为切实落实好农机购置补贴政策，真正把补贴实惠全部落实到农民，各级农机化主管部门应规范管理，阳光操作，严格纪律，认真执行以下三方面纪律规定：一是严格执行国务院提出的"三个严禁"要求。即严禁采取不合理政策保护本地区落后生产能力，严禁强行向购机农民推荐产品，严禁借国家扩大农机具购置补贴之际乱涨价。二是切实做到"八个不得"规定。三是坚决禁止农机购置补贴收费行为。即严禁以农机补贴名义向农民收费，严禁向农机生产企业收费，严禁向补贴产品经销商收费，严禁以工作经费不足为由向企业和农民收费。

小贴士

"八不得"：各级农机化主管部门不得指定经销商；不得违反规定程序确定补贴对象；不得将国家和省级支持推广目录外的产品纳入补贴目录；不得保护落后，强行向农民推荐补贴产品；不得向农民和企业以任何形式收受任何额外费用；不得以任何理由拖延办理农民购机补贴手续和补贴资金算结手续；不得委托经销商代办代签补贴协议或机具核实手续；不得以购机补贴名义召开机具展示会、展销会、订货会。

九、农机购置补贴政策取得的成效

近年来，党中央、国务院高度重视农机化发展，中央财政农机购置补贴资金规模连年大幅增加，极大地调动了农民购机用机的积极性。2004—2010年共安排中央财政补贴资金354.7亿元，带动地方和农民投入约1 187亿元，补贴购置各类农机具1 108万台（套），受益农户达到925万户，取得了提升产业、助民增收、利农利工一举多得的好效果。

一是提高了农业装备水平，改善了农机装备结构。2010年，全国农机总动力达9.2亿千瓦，比农机购置补贴政策实施前的2003年增长52.3%。大功率、多功能、高性能及薄弱环节农机增长迅速，农机装备结构不断优化。2010年，大中型拖拉机保有量达到384万台，是2003年的3.95倍，年均增长21.7%；水稻插秧机、玉米收获机分别达到33万台、13万台，分别是2003年的5.55倍、31.7倍，年均增长分别达到27.7%和63.8%。二是提升了农机作业水平，加快了农业科技进步。"十一五"期间，全国耕、种、收综合机械化水平年均增幅超过3个百分点，而2003年以前只有0.5个百分点左右，2010年已达到52%，这标志着我国农业生产方式由人畜力作业为主向机械化作业为主的历史性跨越。综合机械化水平7年的增幅相当于政策实施前 30 年的增幅。小麦基本实现了生产全过程机械化。重点作物薄弱环节机械化取得重大突破，水稻机械种植水平从 2005 年的 7.1％提高到 2010 年的 20％以上，水稻机械收获水平从 33.5％提高到 60％以上，玉米机械收获水平从 4％提高到 25％。农机、农艺进一步融合，精量播种、化肥深施、高产栽培、保护性耕作等先进农业生产技术得以大面积推广。三是转变了农业生产方式，促进了农业稳定发展，农民持续增收。在农机补贴政策的推动下，农机得以广泛应用，促进了农业生产规模化、标准化、集约化和产业化，提高了土地产出率、劳动生产率和资源利用率，实现农业节本增产。机械化收获小麦可减少损失 3％左右，仅此一项全国年减少小麦遗洒损失 250 万吨以上。采用大型机械进行深松整地，增产幅度达到10％～15％，水稻机插秧能使亩＊增产 50 千克以上。四是拉动了农村需求，促进了农机工业和服务业发展。农机购置补贴政策的实施直接拉动了农村消费需求，带动了农机工业及相关产业的快速发展。"十一五"期间，全国规模以上农机工业企业产值年均增长超过 20％，产销率达 98％以上，农机市场产销两旺。农机销售、作业、维修市场不断发展壮大，农机服务组织蓬勃发展，2010 年全国农机专业合作社总数超过 2 万个，农机作业服务总收入

＊ 亩为非法定计量单位，1 亩约为 667 米²。下同。

达3 700亿元。

十、《国家支持推广的农业机械产品目录》制定

制定《国家支持推广的农业机械产品目录》是《中华人民共和国农业机械化促进法》的法定要求，同时也是做好农机购置补贴的基础性工作之一。从2005年开始，农业部、财政部、国家发展和改革委员会三部委联合制定《国家支持推广的农业机械产品目录》，目前已进行了2006—2008年、2009—2011年两轮《目录》的制定。

相关法律

《中华人民共和国农业机械化促进法》第十八条 国务院农业行政主管部门会同国务院财政部门、经济综合宏观调控部门，根据促进农业结构调整、保护自然资源与生态环境、推广农业新技术与加快农机具更新的原则，确定、公布国家支持推广的先进适用的农业机械产品目录，并定期调整。省级人民政府主管农业机械化工作的部门会同同级财政部门、经济综合宏观调控部门根据上述原则，确定、公布省级人民政府支持推广的先进适用的农业机械产品目录，并定期调整。

列入前款目录的产品，应当由农业机械生产者自愿提出申请，并通过农业机械试验鉴定机构进行的先进性、适用性、安全性和可靠性鉴定。

（一）《国家支持推广的农业机械产品目录》
　　　　管理制度

　　《国家支持推广的农业机械产品目录管理办法》由农业部、财政部和国家发展和改革委员会联合制定，于 2005 年 8 月 1 日公布实施。该办法由总则、目录的内容和形式、目录的提出与审定、目录的公布与调整、罚则、附则等六章二十九条组成。

　　2008 年农业部印发了《2009—2011 年国家支持推广的农业机械产品目录》申报指南，对目录申报工作的申报程序、基本要求、申报范围、申报材料和网上填报及材料报送等内容进行了细化说明。申报范围包括动力机械、耕整地机械、种植施肥机械、田间管理机械、收获机械、收获后处理机械、农产品初加工机械、排灌机械、畜牧水产养殖机械和设施农业装备十大类。

（二）两轮《目录》的制定情况

　　2006—2008 年第一轮推广《目录》包括全国 670 家企业，2 668 个产品；2009—2011 年第二轮《目录》共包括 1 917 家企业，10 435 个产品。第二轮《目录》中的企业数量和产品数量比第一轮《目录》分别增加了 2 倍和 3 倍。

　　两轮《目录》中不同类别的农机企业数量及产

品数量分布情况见表1-1。

表1-1　两轮《目录》中农机企业数量和产品数量

产品种类	第一轮《目录》(2006—2008)		第二轮《目录》(2009—2011)	
	企业数量	产品数量	企业数量	产品数量
动力机械类	143	907	243	1 988
耕整地机械类	233	652	630	2 521
种植施肥机械类	133	317	297	960
田间管理机械类	37	66	220	680
收获机械类	176	445	338	1 157
收获后处理机械类	19	38	162	361
农产品初加工机械类	55	87	189	770
排灌机械类	4	9	191	551
畜牧水产养殖机械类	48	102	268	1 305
设施农业装备类	28	45	77	142
合　计	670	2 668	1 917	10 435

(三)《国家支持推广的农业机械产品目录》 制定工作取得的成效

1. 农机装备结构进一步优化　动力机械、耕整地机械、种植施肥机械和收获机械四类产品占产品总数的比例由第一轮《目录》的 87.0% 下降为第二轮《目录》的 63.4%，下降了 23.6 个百分点。田间管理机械类、收获后处理机械类、农产品初加工机械类、排灌机械类、畜牧水产养殖机械类、设施农业装备类产品在第二轮《目录》所占比例比第一轮增加了 24.6 个百分点。

2. 新型农机具得以推广应用　第二轮《目录》更加注重新型农机具的推广，通过新产品方式进入《目录》的约有 90 家企业的近 590 个产品。主要涉及挤奶机、冷藏罐、储奶罐、水产养殖网箱、喷灌机、油菜收获机械等产品。

3. 农机应用领域不断扩大　2011 年度调整首次将网箱和织网机等产品列入国家推广《目录》，进一步扩大水产养殖机械类产品。这标志着国家推广《目录》中的产品，从以动力机械、耕整地机械、种植施肥机械和收获机械四类产品为主，逐步扩大到畜牧水产养殖机械、设施农业装备等方面。促进了现代农业建设和农业循环经济的发展。农机应用领域的范围不断延伸，各领域农机作业水平再创新高。

4. 科技创新能力显著增强　通过制定《国家支持推广的农业机械产品目录》，促进企业不断加强科技创新，研发新型农机产品推向市场。从动力机械看，我国已研制开发了 380 马力 * 的大型拖拉机。从收获机械来看，油菜收获机、马铃薯收获机、甜菜收获机、花生收获机、采茶机、饲草收获机械等产品得到推广应用。从畜牧水产养殖机械看，挤奶机、冷藏罐和储奶罐在提高奶产品质量中起到了重要作用。从植保机械来看，太阳能杀虫灯等新型植保机械产品已经进入市场。

5. 企业服务能力得到保障 在注重产品研发，提高产品质量的同时，农机企业不断提升服务能力。随着我国农机购置补贴惠农政策的落实，2010 年补贴资金额度进一步加大，惠及面进一步扩大，全国仅中央补贴达 155 亿元，共补贴各类农机具约 520 万台（套），受益农户近 400 万户，较 2009 年的 343 万台（套）相比增幅高达 51.6%，较 2008 年的 103 万台（套）相比增幅更是高达 404.9%，增加 4 倍多。在这样的形势下，2010 年我国农机质量投诉总量出现了一定幅度的下降，较 2009 年同比下降 16.2%。单纯从农机投诉情况来看，我国农机产品质量整体向好，农机企业更加注重产品质量、维修质量和售后服务质量的提高。

---

* 马力为非法定计量单位，1 马力约为 0.735 5 千瓦。下同。

第二章 2 农机选购

我国幅员辽阔，各地自然条件千差万别，农机产品品种繁多，其适用地区和作业条件也不尽相同，即使是同一型号的农机，由于生产企业的不同，其性能指标和适用范围也有区别，农机的选择非常困难。另外，农机购置投入较大，选好农机对增加农民收入会起到至关重要的作用，因此在选购农机之前需要了解和掌握一些农机的基本知识、选购原则以及选购中的注意事项，以便于选购到买得起、用得好、有效益的适用农机。

一、农机基本知识

(一) 农机的分类

农机有广义和狭义之分。从广义上来讲，凡用于农业生产及农副产品加工处理的机械和设备都属于农机的范畴，包括农用动力机械和农业机具。

农用动力机械：包括农用拖拉机、农用内燃机、发电机、电动机等。

农业机具按其用途不同又可分为：田间作业机

械、场上作业机械、农副产品加工机械、林业机械、渔业机械、牧草机械、畜禽饲养机械、饲料加工机械、农田基本建设机械等 10 个大类。

狭义的农业机械主要是指田间作业机械，包括部分场上作业机械、耕整机械、播种施肥机械、田间管理机械、植保机械、排灌机械、收获机械等。

2008 年 7 月 14 日由农业部农业机械试验鉴定总站和农业部农业机械维修研究所共同起草，农业部审查批准的《农业机械分类》（农业行业标准 NY/T 1640—2008）正式发布实施。该标准采用线分类法对农业机械进行分类，共分大类、小类和品目 3 个层次，并规定了各自的代码结构及编码方法。标准中规定，农业机械共分 14 个大类，57 个小类（不含"其他"），276 个品目（不含"其他"）。该标准规定"本标准适用于农业机械化管理中对农业机械的分类及统计"，充分体现标准为管理服务的定位，并在标准制定过程中广泛征求了各方面意见。该标准发布后，对农业机械化管理、技术推广、试验鉴定、信息统计等工作具有指导意义，特别是在《国家支持推广的农业机械产品目录》制定过程中得到了实际应用。具体分类如下：

①耕整地机械，包括耕地机械、整地机械等。

②种植施肥机械，包括播种机械、育苗机械设备、栽植机械、施肥机械、地膜机械等。

③田间管理机械，包括中耕机械、植保机械、修剪机械等。

④收获机械，包括谷物收获机械、玉米收获机械、棉麻作物收获机械、果实收获机械、蔬菜收获机械、花卉（茶叶）采收机械、籽粒作物收获机械、根茎作物收获机械、茎秆收集处理机械等。

⑤收获后处理机械，包括脱粒机械、清选机械、剥壳（去皮）机械、干燥机械、种子加工机械、仓储机械等。

⑥农产品初加工机械，包括碾米机械、磨粉（浆）机械、棉花处理机械、果蔬加工机械、茶叶加工机械等。

⑦农用搬运机械包括运输机械、装卸机械、农用航空器等。

⑧排灌机械，包括水泵、喷灌机械设备等。

⑨畜牧水产养殖机械，包括饲料（草）加工机械设备、畜牧饲养机械、畜产品采集加工机械设备、水产养殖设备等。

⑩动力机械，包括拖拉机、内燃机、燃油发电机组等。

⑪农村可再生资源利用设备，包括风力设备、水利设备、太阳能设备、生物质能设备等。

⑫农田基本建设机械，包括挖掘机械、平地机械、清淤机械等。

⑬设施农业设备，包括日光温室设施设备、塑料大棚设施设备等。

⑭其他农业机械，包括废弃物处理设备、包装机械、牵引机械等。

（二）常用农机术语及定义

在农机使用说明书中，一般都注明了其特性和所能达到的技术要求，常见的有生产能力、能源消耗率、功率、工作速度、转速、转矩及作业质量指标等。

1. 生产能力　生产能力指单位时间内所能完成的作业量，常用的有小时生产率和班次生产率，对于连续作业的农机，也可用日生产率表示其生产能力。

2. 能源消耗率　能源消耗率指完成单位数量的作业所消耗的能源，如：每亩的耗油量、每吨原料的耗电量、烘干机械中烘干每吨成品的煤耗等。

3. 功率　功率有输入功率和输出功率，对于原动机械，输出功率是指单位时间内原动机对外所发出的效能；输入功率是指从动机械单位时间内所吸收的能耗。功率常用的单位有千瓦（kW）和马力（HP），两者之间的换算关系为：1马力约为0.735 5千瓦。

柴油机铭牌或说明书中所给出的功率是标定输

出功率（标定状况净输出功率），按不同的作业用途和使用特点，分 4 种标定功率：

①15 分钟功率。发动机允许连续运转 15 分钟的最大有效功率。适用于需要有短时良好超负荷和加速性能的汽车、摩托车等。

②1 小时功率。发动机允许连续运行 1 小时的最大有效功率。适用于需要有一定功率储备以克服突然增加负荷的轮式拖拉机、机车、船舶等。

③12 小时功率。发动机允许连续运转 12 小时的最大有效功率。适用于需要在 12 小时内连续运转又需要充分发挥功率的拖拉机、排灌机械、工程机械等。

④持续功率。发动机允许长期连续运转的最大有效功率。适用于需要长期持续运转的农业排灌机械、船舶、电站等。

在标示功率的同时必须注明转速，如 125 千瓦（2 000 转/分）。

4. 工作速度 工作速度指单位时间内农机所走过的距离。常用的单位为每小时千米（km/h）、每秒米（m/s）等。

5. 转速 转速指单位时间内旋转部件所转过的圈数。常用每分钟转的圈数表示（r/min）。

6. 转矩 转矩指在额定条件下运行时，旋转部件所能产生的最大转动力矩。常用的转矩单位为牛·米（N·m）。

注：在标示转矩的同时须注明转速，如 125
牛·米（1 500 转/分）。

二、农机选购原则

农机购置成本较大，需要花费农机户多年的积
蓄，或者需要多个农户合作集资购买，有时甚至需
要贷款，作为一项重要的农业生产资料，其使用寿
命一般都有几年甚至多年。选购何种型号的农机，
必须慎重、反复斟酌，一般而言，在购置农机时，
应遵循以下原则：

（一）适用性原则

农机品种繁多，性能各异，购机前应尽可能多
地收集有关农机的信息资料，以便进行初步比较，
并从以下几个方面进行考虑：

1. 农机的适用范围 农机的适用范围包括农机
的作业对象范围、适应的工作环境，如收获机械是
否适用于多种作物的收获、适用于水田还是适用于
旱地作业，若适用于水田，对水田的深度有无特殊
要求等。

2. 农机的技术性能 所选择农机的技术性能是
否满足当地的农艺要求、适应当地的耕作习惯，能

否保证作业质量，以及操作的难易程度。

3. 能源消耗和劳动力占用量　能源消耗是指完成规定的作业量所消耗的燃料、电力、水等；劳动力占用量是指完成规定作业所需要的人数及劳动强度。所选购的农机应是在完成相同作业量的情况下，所耗能源最低、所占劳动力最少的。

（二）经济性原则

通俗讲，若要购买这台机器，先问自己"值不值"，即是否做到少花钱多办事，获得最好的效益。要做到这点，应着重考虑以下两个方面：

1. 购机成本　完成同一农业工艺达到同一作业要求，可以有多种类型的农机。同一农机也有多个生产厂家同时制造。如耕整地作业，可以先犁地、再整地；也可以犁、整地同时进行；还可以旋耕代替犁和耙。显然，不同的农机价格悬殊，同一机型不同的生产厂家其价格也有很大差异。购买时应仔细比较其性能和价格，性能相同、价格低（性价比最好）的机器应列为优先选购的对象。

2. 运行成本　农机的运行成本在农机生产过程中，占有相当大的比重，包括不可变成本和可变成本。不可变成本是指受国家法律法规约束、必须按规定支付的诸如拖拉机的公路养护费、保险费、职工工资等。可变成本是指为确保农机运行完成预期的工作任务必需的开支，其中有一部分可以通过人为的技术措施如节油驾驶等加以控制，可变的运行成本的大部分则取决于农机本身的运行消耗和农机的可靠性、耐久性、维修性。

购置农机时，不但要考虑购机成本，更要全面考核其运行成本。

（三）配套性原则

在购置新的农机时，要考虑与现有农机的配套性，应特别注意以下几点：

①购买拖拉机、内燃机等动力机械时，应考虑一机多用，如购买拖拉机时，应考虑能与整个农业生产过程中的犁、耙、铲、播种机、中耕机、收割机等农机配套。内燃机、电动机既可与抽水机、碾米机、加工机械、场上作业机械配套，内燃机还可用作运输机械的动力。

②在农业生产的作业程序上，尽可能不与现有的农机相互交叉，不相互干涉。

③生产能力要大体一致或相容（成倍数关系），减少浪费。

④在选购农机时，应考虑能否与现有的动力机配套。农机的配套动力包括动力机型式、动力机功率、转速及安装挂接方式的配套。农机最大的特点

是季节性很强，为节省投资，应尽量做到能使动力机一机多用。考虑动力机配套时功率大小要协调，作业速度应与使用要求一致。与拖拉机匹配的农田作业农机，其挂接方式、挂接点的位置应能满足作业要求。

（四）"三化"原则

机械产品的结构参数、动力参数的系列化及零件的标准化、通用化称为"三化"。"三化"程度愈高的农机产品其质量愈有保障，配件供应充分，维修网点多，配件及维修费用低，是降低机械购置成本和运行成本的重要途径。

（五）安全原则

农机的安全性包括农机本身的安全性、操作人员的人身安全性及不对环境造成破坏。农机安全性是指农机不会因过载、失电或其他偶然因素而损坏。因此，农机应有完善的安全防护装置，如超载、失电保护器，翻车时的人身保护装置，农药施用作业机具的防毒害设施以及不对作业对象造成伤害的防护设施等。

农机的操作安全性是指操作人员操纵机器时，不会因机器因素造成操作人员的人身伤害和过多体力与脑力损耗。购置农机时，应重点检查农机外露旋转零件的安全防护装置，过热部位的防烫伤设施；农机的操作力、操作过程的复杂程度等。劳动强度过大，容易导致操作人员疲劳。操作环境应舒适，麦收时天气酷热，冬耕时气候寒冷，驾驶室内应有防暑防寒设备。

（六）企业信誉原则

国家实行农机购置补贴以来，国家、省、市级的质量监督和试验检测部门已经形成了自上而下的管理体系，负责对农机产品的质量情况进行监督管理。农机生产企业每年都要接受政府有关部门的委托，向广大农民用户推荐优质、可靠的农机。政府相关部门也有农机生产和销售企业的新产品销售及售后服务信誉记录，在选购农机时，要尽量选择口碑好、有信誉的企业购买。

三、农机选购注意事项

农机投资成本大，成本回收周期较长，为达到省工节本、增收增效的目的，不论是选购新农机，还是购买二手农机，都应当选择质量可靠、价格合理、售后服务有保障、各类手续齐全的农机产品。

（一）对农机进行查验确认其质量

1. 看 通过眼睛观察，看清、认准以下内容：

（1）看标志 农机必须贴有菱形的"农业机械推广鉴定证章"。购买农机时要优先考虑有"农业机械推广鉴定证章"至少应有省级的"农业机械推广鉴定证章"。没有"农业机械推广鉴定证章"的产品，其质量无法得到保障。对实施 3C 强制认证的农机产品要看是否有 3C 认证标志。对实施生产许可证管理的农机产品要看产品或者包装、说明书上是否有标注生产许可证标志和编号。

小贴士

实施 3C 强制认证的产品包括：

植保机械：通过液力、气力、热力分散并喷射农药，用于防治植物病、虫、草害或其他生物侵害的机具，包括背负式喷雾喷粉机、背负式动力喷雾机、背负式喷雾器、背负式电动喷雾器、压缩式喷雾器、踏板式喷雾器、烟雾机、担架（手推、车载）式机动喷雾机、喷杆式喷雾机、风送式喷雾机等。

轮式拖拉机：以单缸柴油机或功率不大于 18.40 千瓦（25 马力）的多缸柴油机为动力的轮式拖拉机。

实施生产许可证管理的产品包括：

泵、机动脱粒机、内燃机、饲料粉碎机、棉花加工机械等。

农业机械推广鉴定证章

3C认证标志

（2）**看商标** 通过对比确认厂名、厂址和商标是否一致。

（3）**看生产日期** 生产日期，一是反映了农机技术更新与进步；二是有些橡塑制品时间一长就会老化，日期越近就应该是越先进可靠的产品。选购农机时，应重点考虑选择一些生产年月较近的产品。

（4）**看农机外表** 看油漆是否美观，要求外表应光洁平整、无砂眼、无裂纹或毛刺、无锈蚀、无"三漏"等现象，轮胎质量应符合要求，不应出现鼓包、龟裂等现象。检查零部件是否有缺损等情况。

2. 摸 通过触摸，检查表面是否光滑，焊接部位是否牢固，油缸、油封等有无渗漏现象，触摸轴承、制动部位等温升是否正常。

> **专家提示**
>
> ● 看：标志、商标、生产日期，外观
>
> ● 摸：表面光滑，是否漏由等
>
> ● 试：试性能、操作
>
> ● 听：农机运转是否有异响

3. 试 选购农机尤其选购拖拉机、内燃机等动力农机时，须进行试车，通过试车检查动力、传动、工作部件的质量和工作情况。

（1）性能　首先检查柴油机的启动性能、油门控制系统和柴油机的空运转情况。动力机械启动后运转应轻松平稳、无杂音，内燃机排气应无色透明或淡灰色。

（2）操作　检查操作部件如方向盘的自由行程和转向性能，制动系统的制动效能，液压系统的灵敏、可靠程度；检查工作部件的工作质量，检查信号、照明、警告装置的响应程度。

4. 听 拖拉机等农机在运转时，注意用耳倾听动力、传动、工作、操作等部位有无卡滞、振动、摩擦、碰撞等异响。

（二）对农机产品进行整体验收并索要相关票证

1. 验收 购买农机后应再次对购置的农机进行

仔细检查，并——查看随机附件、随机工具、易损零件、使用说明书、零件图册等是否齐全。

2. 索取"一票二证" 一票即购机发票，二证是指产品合格证和"三包"凭证，这些都是《农机产品退货、更换、修理规定》（俗称"三包"）中规定的"三包"服务期内享受"三包"服务的重要凭证。

索取"一票二证"

（1）购机发票 购机发票中至少应包含购机者姓名、所购农机的名称、规格型号、计量单位、数量、单价、总价、开票时间、销售单位名称等信息。

（2）"三包"凭证

①产品的基本信息包括产品名称、规格、型号、产品编号等内容。

相关规定

2009年9月28日国家质量监督检验检疫总局局务会议审议通过《农业机械产品修理、更换、退货责任规定》，并经国家工商行政管理总局、农业部、工业和信息化部审议通过；并于2010年6月1日起施行。1998年3月12日国家经济贸易委员会、国家技术监督局、国家工商行政管理局、国内贸易部、机械工业部、农业部发布的《农业机械产品修理、更换、退货责任规定》（国经贸质[1998]123号）同时废止。

②配套动力的信息（自走式的产品或有配套动力的产品）包括牌号、型号、产品编号、生产单位等内容。

③生产企业的信息包括企业名称、地址、电话、邮政编码等内容。

④修理者的信息包括名称、地址、电话、邮政编码等内容。这里所说的修理者，是指企业建立的维修服务网络。

⑤整机"三包"有效期一般不少于1年，主要部件"三包"有效期一般不少于2年。

⑥主要部件清单上所列的主要部件应不少于国家"三包"规定的要求。

⑦修理记录的内容包括送修日期、修复日期、送修故障、修理情况、换退货证明等。

⑧不实行"三包"的情况说明应当包括使用维

护、保养不当；违规自行改装、拆卸、调整；无"三包"凭证和有效购机发票；规格、型号与购机发票不符；未保持损坏原状；无驾驶证操作；因不可抗力因素造成的故障。

（三）不能购买的五类产品

专家提示

1."三无"农机产品　"三无"农机产品往往是假冒伪劣产品，质量和售后服务无法保证。

2.已经淘汰的农机产品　这类农机产品往往作业质量差，能耗高，并且配件供应不能保障。

3.非法拼装的农机产品　这类农机产品往往质量差、故障多，而且其安全性无法保障，容易出现人身伤亡事故。

4.不适应本地地理自然条件和经济条件的农机产品应因地制宜地选择购买农机产品，避免出现"英雄无用武之地"、"铁牛"变"死牛"的尴尬局面。

5.来源不明的农机产品　无可靠来源凭证或手续不齐全的农机产品，不能购买

四、二手农机选购注意事项

随着国家对农业政策的进一步深化，特别是国家农机购置补贴实施以来，购置农机的农户越来越多，农户拥有农机数量也逐年上升。其中，一些经

济条件较好的农户趁着购置补贴政策的热潮计划重新购置比较好的新农机，为此，这些农户就想把原来购买的旧农机以优惠价处理，以便换回新的农机；而有些农户经济条件不太好，拿不出足够的资金来购置新的农机，可是又急需添置农机以应付农业生产的需要，只好选购二手农机。这就为二手农机提供了一个市场交易空间，二手农机流通速度加快。

如何恰当地选购二手农机是很多农民朋友非常关心的一个问题。农机种类繁多，有一般田间作业的耕地、整地、播种、收获、水利排灌、植物保护、农副产品加工等机械；还有用于乡村道路运营农资产品、林木水果的农用机车等。每种农机还有不同的性能、型号、规格。怎样才能恰当地选购到自己所需要的农机，综合起来考虑应该注意以下几个方面：

（一）了解农机的性能

一般买农机的农民都有使用过农机的经历，具有一定程度的机械常识。打算要买别人的二手农机时，必须粗略知道这种农机的构造、工作原理、最基本的使用操作特点和保养、保管方法。必须要求卖方提供该农机的使用说明书，以便对照实物进行观察检验，同时，最好找使用过这种机械的内行人帮助参谋。不能盲目听信他人，随便购买自己从来没有用过的农业机械，只有了解清楚该农机的情况后，才能和相同类型的农机作对比，以便更好选择到自己满意而又适用的二手农机。

（二）正确选择农机型号

选择型号主要是使机械的性能满足生产中的需要。比如：购买抗旱时使用的水泵时，要根据当地的水源情况、地理位置、动力配置情况，确定水泵工作时是电力还是柴油机带动等进行综合考虑。如买了电动水泵，而架设电线需要的投资却很大，再或者买了扬程不够的水泵等，这样的话就发挥不出农机的最大效应，甚至完全不适应需要，造成农民投资购买农机的浪费。

（三）动力配套

动力配套指的是动力机的功率和转速要满足配套机械的需要。一般来说，电动机的功率应等于配套农业机械所需功率的 1.05～1.3 倍，而内燃机应等于配套农业机械所需功率的 1.3～1.5 倍。功率过大，则是"大马拉小车"，浪费能量；过小，则配套机械不易带动或超负荷运转损坏动力机。转速相同时，配套农业机械可以直接安装使用；转速不一致时，为了满足使用要求，必须改装传动设备，这样要增加很多费用。

如果农民朋友已经买了动力设备，就应该充分发挥已有动力机的作用。在购买别人的二手农机时，应该尽量考虑能够与原有动力机配套使用，一般不要每种农业机械都配套一种动力机，这样花费成本太高，管理也不方便。对于拖拉机，如果已经有四轮拖拉机，就应该尽量买悬挂式农具配套，其次可以购买牵引农具；如果是手扶拖拉机，则只能购买与手扶拖拉机配套的农具。

（四）农机使用性能基本保持完好

因为选购的是二手农机，肯定会有磨损和折旧，所以，试机的时候要注意观察农机的运转情况，如果听到不规则的声音和转动，或者是油封处漏油等情况的农机最好不要购买。要买那些运转基本正常，使用性能基本完好的农机，否则，买回去以后维修费用可能会增加许多，最终计算下来，得不偿失。

（五）零配件供应有保障

任何机械在使用过程中都会出现正常的磨损、损坏，特别是二手农机，都有一定的使用年限了，需要经常修理更换易损零部件。因此，在购买农机时，要了解当地对该型农机的修理能力和零配件供应情况，否则，为了一个重要的零配件要去几百千米以外的地方修理、安装，肯定会大大增加负担。

一般应优先选购本省、本地区生产的农机。

（六）农机的管理政策

在购买的农机中，有一些是国家实行牌证严格管理的，以避免农机安全生产事故的发生、减少农机事故的隐患和损害。因此，在购买农机的同时，也要去当地农机管理部门咨询一下农机的相关管理政策。比如，首先在购买拖拉机前，要先进行驾驶员培训，拿到农业部颁发的驾驶证以后才可以上路。其次，要看买来的拖拉机状态是不是良好，这也需要农机监理部门检验后并通过该年年度检审方可行驶。最后，是拖拉机的权属问题。很多人买了二手拖拉机以后就不去办理原来行驶证的产权转移了，这其实是个误区，如果因为卖主的经济纠纷，他的债权人可以优先把你已经买走的拖拉机进行抵债偿还。这样，最后损失的还是自己。

相关法规

《农业机械安全监督管理条例》第二十一条规定拖拉机、联合收割机投入使用前，其所有人应当按照国务院农业机械化主管部门的规定，持本人身份证明和机具来源证明，向所在地县级人民政府农业机械化主管部门申请登记。拖拉机、联合收割机使用期间发生变更的，其所有人应当按照国务院农业机械化主管部门的规定申请变更登记。

具体的登记工作由县级农业机械化主管部门所属的农业机械安全监督管理机构负责实施。

购买二手农机，千万不能贪小便宜，需要多花些时间和精力去了解农机的各方面情况，这样才能买到自己最需要的性能好、价格实惠的好农机。

五、新型农机选购注意事项

由于新型农机产品结构的特殊性，大多数使用者一时不能完全掌握，其出现故障的概率可能更大，当使用中出现较大故障时，使用者往往束手无策，这时候更需要销售方提供"三包"服务。在选购时要注意以下几个方面：

（一）根据需要选型

在购买新型农机产品前应尽可能多地掌握有关机型的技术资料，如动力性、经济性、通用性、安全性、方便性等是否适合当地自然、地理条件，特别要了解该农机新产品先进性在哪里，有哪些不足之处，然后权衡利弊，确定是否适合。不要被广告宣传所迷惑而盲目购置。如果该机型适合，还应了解该产品是否属国家定型产品，有无"三证"（即产品合格证和按规定应取得的生产许可证或 3C 证书、推广鉴定证章）。若无"三证"或非定型产品，则不要买。

(二) 考虑零配件通用性

新型农机产品有不少新结构、新零件，这些零配件的结构形状及尺寸不同，一般不具有通用性，有些在市场上买不到，必须到厂家去买，既花费路费，又耽误时间，给修理换件带来很大麻烦。因此，最好选购零配件供应普及的产品。

(三) 注意售后服务

由于新型农机产品结构的特殊性，大多数使用者一时不能完全掌握，当使用中出现较大故障时，往往束手无策。因此，购买时切不可忽视售后"三包"服务问题，有些机手直接到厂家购机，由于路途远，"三包"服务难以及时到位，耽误了作业时间。

购买农机时最好就近在当地农机公司或乡镇（街道）农机站购买，并要求销售方做出及时提供售后"三包"服务的承诺。

六、假冒伪劣农机及配件快速识别方法

随着我国农业生产的发展和国家对农机化发展扶持力度的不断增大，农民对农业机械的需求也越来越大，农机质量问题也日益受到社会关注，农机

质量直接关系到农业和农村经济的发展，关系到农机用户的收入和人身安全。我国经过十多年的农机打假工作，在一定程度上打击了制假售假的违法行为，农机产品和零配件质量不断提高，但有些假冒伪劣农机产品仍屡禁不止，严重扰乱了我国农机化的健康发展。因此，农机用户需要提高自身辨别假冒伪劣产品的能力，减少经济损失。

（一）假冒伪劣农机及零配件的特点

假冒伪劣农机及零配件表现有其独有的特点，综合起来有以下几点：

一是农机及零配件产品假冒现象少，伪劣产品多。农机及零配件产品存在着商标、生产厂家、推广鉴定证章等假冒现象，但数量较少；而在农机及零配件市场上伪劣的产品占据绝大多数，尤其是零配件产品，市场抽查零配件产品的合格率仅在30％左右，足以说明当前零配件市场产品质量状况。从外观上看，粗制滥造的农机及零配件产品充斥着市场。

二是假冒伪劣农机及零配件生产地域集中。如小型拖拉机企业和配套零配件生产集中在山东某地，浙江某地成为喷雾器的主要产地，河北某地成为气门的集中产地。这些地区集中生产农机及零配件产品，带动了当地经济的发展，但是其质量状况也令人担忧。

三是假冒伪劣农机及零配件表现形式通常是几种

共同表现的，即一种产品肯定是有几种表现形式共同存在，如偷工减料和材质不符合要求总是相互伴随。

（二）假冒伪劣农机及零配件产品常用判断方法

通过对几种假冒伪劣农机及零配件产品的判断方法进行归纳总结，得出假冒伪劣农机及零配件的常用判断方法，对判断其他的农机产品也是一个重要的参考。常用判断方法是为农机消费者购买农机时提供有效的、快速的判断方法，对于农机及零配件产品准确的质量判断还必须依靠仪器设备进行检测。

1. 目测法 目测法指通过眼睛来观察产品本身及附属物是否合格的判断方法。

（1）看包装和标志 有包装的产品，其包装应完整，零配件应有防锈包装。包装上应有产品的商标、型号、规格、厂名、厂址等信息。包装内应有产品合格证、使用说明书、"三包"凭证等随机文件。说明书上标明的产品名称、规格、型号等应

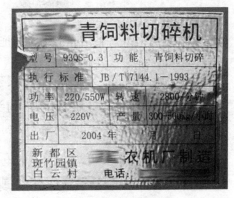

饲料切碎机铭牌

与产品铭牌上一致。

（2）**看产品外观质量**　假冒伪劣产品往往粗制滥造，从产品外观、油漆和焊接质量上可以进行判断。产品表面涂漆应均匀，无流挂、漏漆现象；检查焊缝应均匀，无漏焊、虚焊、烧穿等现象；整机和零配件表面应光滑、平整，无毛刺；整机外壳无变形，零配件表面无锈蚀。

外观整洁光滑平整的拖拉机

（3）**看整机的安全性能**　农机的安全性能直接关系到使用者的人身健康。在购买农机时应该重点查看农机整机产品的外露旋转件（如皮带轮等）有没有安全防护罩或防护是否到位，在容易造成人身伤害的危险部位，有没有红色或黄色的安全警示标志。

防护到位，贴有安全警示标志的手扶拖拉机

目测法的优点是比较直接，简便易行，对一部分农机及零配件产品可以直接进行判断。如仿制较差的假冒产品，外观质量明显差的产品，从外观观察可以很容易进行判断。但目测法的缺点是不深入，只看表面不能了解实质，有可能被表面现象所迷惑，尤其是一些仿制较好的假冒产品、外观质量区别不大的产品，仅靠外观观察就不能够进行判断。因此，目测法的目的是对要选购的产品有一个总体的了解，特别是从说明书和有关随机文件中，可以了解生产者的质量承诺，出现问题便于解决。目测法是判断假冒伪劣农机及零配件产品首先要选用的，也是最常用的方法。当目测法无法准确进行假冒伪劣产品的判断时，应结合其他的判断方法以准确进行判断。

2. 触摸法 触摸法指通过手直接触摸产品加工表面,以判断其质量的方法。触摸法可以判断机加工表面的粗糙度,一般机加工表面应光滑不刮手,如果刮手,而且手能明显感觉到粗糙,说明粗糙度太大了。如判断等离子淬火的气缸套时,用手伸入内孔触摸,应光滑一致,没有扎手的感觉,硬化带与非硬化带高度差手感分辨应不明显。触摸法的优点是比较直接,简便易行,缺点是应用产品范围较窄,对于粗糙度和机加工质量有特殊要求的产品,可以作为其首选的判断方法。

3. 查询法 查询法指购买农机及零配件产品时,查询产品上的信息是否真实的判断方法。查询的内容主要有:

(1)查询企业信息是否正确 产品外包装上应有生产企业的地址和电话,可以核实其真实性,判断是否为假冒产品。

(2)核实各种证章真实性 产品有生产许可证、"3C"认证和推广鉴定证章标志的,可以核实其真实性。

小贴士

工业产品生产许可证可在各省、市、县、镇的质量监督网站上查询;获"3C"认证产品可在CCC中国强制性产品认证在线网站上进行查询(http://www.cc-cwto.com);获得部级农业机械推广鉴定证章的产品可在中国农业机械化信息网上询(http://www.amic.agri.gov.cn),获得省级农业机械推广鉴定证章的产品,可到省级农机鉴定站证书管理部门查询。

查询法的优点是通过查询确认信息的真伪，间接地获知产品的质量。上述企业信息及认证标志正确的产品，为正规企业生产，其质量有一定的保证。查询法的缺点是比较费时、不够便捷，尤其是上网不方便的地区，不便于查询。查询法适用于购买较贵重的农机整机产品或是用来判断是否为假冒产品时使用。

4. 简单测试法　简单测试法指在购买农机及零配件产品时，通过简单的测试方法来判断产品质量的方法。

（1）重量比较法　用于判断偷工减料的农机及零配件产品。由于部分农机及零配件减料后，整体重量下降，用重量比较法可以进行判断。整机产品可以通过比较重量的方法来判断，零配件产品可以进行称量。重量明显轻于标准重量范围时，肯定是减料比较严重的。

（2）量尺寸、厚度法　用于判断偷工减料的农机及零配件。部分农机及零配件关键部位的尺寸或厚度有标准要求，可以用直尺进行测量判断。如青饲料切碎机的喂料口到切刀的距离，标准要求大于550毫米，用尺子测量可以立即判断。对于标准没有尺寸、厚度要求的农机和零配件，可以现场进行测量判断，标准中没有明确规定的，厚度要求不能过薄。

（3）**声音判断法** 听声音是一种经验总结出的方法。例如，将一把旋耕刀扔在地上，听到"当"的清脆声说明质量好，声音"闷"说明刀的硬度不够好，听到"嘶"的声音说明刀身有裂纹。

（4）**破坏测试法** 有的农机和零配件产品可以进行破坏性试验测试质量好坏。例如，喷杆、三角皮带等可以用手用力扭，看是否会破碎、断裂。将两把旋耕刀对敲，敲击处有凹痕，说明刀身硬度低、质量差。用锉刀锉削零配件产品表面，没进行热处理的零配件，锉上去粘刀；进行过热处理的零配件只能锉下碎屑，而且感觉较难锉削；有的零配件产品锉削几刀后棱边有明显凹陷，可以判断硬度很低。

（5）**试机测试法** 农机整机产品应该进行试机测试，检查其装配质量，所有转动、传动装置是否转动灵活，有没有卡滞、松动现象，整机运转时振动、声音是否正常。

简单测试法的优点是能够比较准确的判断产品质量，缺点是必须具备相应产品的知识，针对产品的特点采取测试方法。

简单测试法中的一些方法可以为一般用户购买时判断质量，如重量法、量尺寸、厚度法、声音判断法等。而破坏测试法和试机测试法中的部分测试法，由于购买产品时经销商未必允许进行测试，尤其是零配件产品的试机测试法，购买量少的话，不便于进行测试来判断质量，因此适用于购买大批量的产品时来抽样检测整批产品的质量。

5. 价格判断法　价格判断法是指通过在市场上比较同类型产品的价格来判断质量优劣的方法。假冒伪劣产品一般通过牺牲产品质量，采用各种手段降低成本迎合购买者买便宜货的心理，以价格进行竞争。抽取价格低于市场平均价格较多的农机及零配件进行检测，检测结果均不合格，有的检测项合格率为0。有时通过价格比较也可以准确地判断产品的质量优劣，一般低于市场价格20％以上的产品，最具有假冒伪劣产品的嫌疑。但是价格受多种因素影响，不排除促销、以次充好出售等因素，价格可以作为一种辅助判断方法，初步判断农机及零配件的质量，使用时可结合前面4种判断方法使用。

6. 精确判断法　精确判断法是指按照产品的相关标准进行关键性能指标的检测，通过检测值与标准值进行比较的方法来判断产品的质量。精确判断法一般只能由具有相应检验资质的检验机构进行。其优点是能够准确判断农机及零配件产品的质量优劣，是否为假冒伪劣产品，缺点是成本太高，仅在大批量购买产品时或是发生产品质量纠纷时，来判断产品的质量。

七、拖拉机的选购

（一）拖拉机基本知识

1. 拖拉机的分类 拖拉机常用的分类方法有四种：一是按其用途分类，一般用途拖拉机（农业用、林业用、工业用）和特殊用途拖拉机；二是按行走方式分类，轮式、履带式、半履带式（轮链式）和特种结构（船式、高地隙式和坡地拖拉机）；三是按驾驶方式分类，方向盘式、操纵杆式和手扶式；四是按发动机（柴油机）功率大小分类，小型拖拉机（18千瓦以下）、中型拖拉机（18～36.7千瓦）、大型拖拉机（大于36.7千瓦）。

2. 拖拉机的主要性能指标 拖拉机主要性能指标有：额定功率（千瓦）、动力输出轴功率（千瓦）、发动机转矩储备率（%）、液压提升力（牛顿）、液压输出功率（千瓦）、牵引力（牛顿）、牵引功率（千瓦）、牵引比油耗［克/（千瓦·小时）］等。

3. 拖拉机型号中数字部分代表的意义

①拖拉机型号中数字部分最右边的数字应该是0、1、2、4四个数字中的一个，最右边的数字代表拖拉机的驱动形式或操作方式，其中：0代表后轮驱动的轮式拖拉机，4代表四轮驱动的轮式拖拉机，1代表手扶式拖拉机，2代表履带

式拖拉机。

②拖拉机型号中数字部分最右边的第二位起表示拖拉机功率的大小，其单位为马力。例如：拖拉机型号为802，代表80马力的履带式拖拉机；拖拉机型号为121，代表12马力的手扶式拖拉机；拖拉机型号为1804，代表180马力四轮驱动的轮式拖拉机；拖拉机型号为800代表80马力后轮驱动的轮式拖拉机。

4. 皮带传动和直接传动 皮带传动是指发动机的动力靠皮带传动到变速箱。皮带传动是有位差传动，具有制造成本低、便于维修、更换方便以及有缓冲作用等优点。

直接传动是指发动机的动力靠齿轮传动到变速箱。直接传动是无位差传动，具有结构紧凑、传输精度高、噪声小、能耗低等优点。

（二）正确选购拖拉机

在选购拖拉机产品时，要根据自己的使用预期、作业方式、现有的配套农具、当地农艺条件、作业量等内容合理选择。如：水田作业就要选择拖拉机重量较轻、驱动轮带高花纹的拖拉机。此外，选择拖拉机的功率大小时，在满足当前使用要求的情况下，还要适当留有余地。

专家提示

挑选拖拉机时应注意：一看，看拖拉机外观、标牌、标志。看外观要光洁美观，不能有锈蚀、漏油漏水现象，配重、悬挂杆件应齐全完整；看标牌、标志，要仔细辨别厂名、厂址和商标是否与自己了解的一致，描述模糊的应慎重选购。二摸，主要是摸看不到的部位，检查箱体的结合处、密封处有无"三漏"现象。三试，亲手操作一下，启动发动机，操纵油门，观察柴油机工作是否平稳，有无杂音，排气是否正常；方向盘自由间隙是否过大，转向是否灵活；制动是否平稳，挂挡是否轻便顺利，是否有异常响声；照明信号是否正常等。

八、联合收割机的选购

（一）联合收割机基本知识

联合收割机有两种不同的分类方式。

（1）按喂入量的大小分类 分为大型机（喂入量 5 千克/秒以上）、中型机（3～5 千克/秒）和小型机（3 千克/秒以下）。大型机机体庞大、结构复杂、技术先进、自动化程度较高、性能好，但价格较高，适合于大农场、大地块和经济条件好的地区。小型机体积小、结构简单、重量轻、容易操作、价格便宜，适合于小地块和年作业量较少的情况下使用。中型机介于大型机和小型机之间。中型和小型联合收割机与中国目前实行的农村土地经营体制和经济水平相适应，自 20 世纪 90 年代中期之后得到迅速发展。至 2011 年，中国的联合收割机拥有量达 99.21 万台。

（2）按动力供给方式分类　联合收割机可分为牵引式、自走式和背负式。牵引式联合收割机由于收割前需要人工割出收割道，费工、费时，且整体机组长度太大，地头转弯半径大，所以牵引式被其他机型逐步替代。自走式联合收割机机动灵活、作业质量好、生产效率高、转移运输方便，但价格较贵。收获季节过后，动力闲置不能移做他用。背负式联合收割机拆装麻烦，且割台提升高度较小，田间通过性较差，但收获季节过后，拖拉机可以从事其他作业，价格较便宜。自 20 世纪 90 年代中期开始，政府大力倡导、组织跨区作业，使得自走式联合收割机迅速发展，背负式联合收割机市场不断萎缩。

（二）正确选购联合收割机

用户购买联合收割机，应考虑田块的大小、作物品种，以确定所要购买的机型，然后就可以对其作进一步地了解和检查。

（1）看质量标志　看联合收割机上是否贴有菱形的农业机械推广鉴定证章。还可以向经销商要求查看该机型的推广鉴定证书复印件，如果与机器上所粘贴的证章一致，就可以放心购买了。

> **专家提示**
>
> 正确选购联合收割机：
> 看质量标志、看生产日期、看外观，亲手操作。

（2）要看生产日期和外观　应该是最近出厂的，近期生产的联合收割机质量有保证。再就是看外观，观察外观是否光洁美观，是否有磕碰、锈蚀，有无漏油漏水现象，有无零部件丢失等。

（3）亲手操作　启动发动机，观察发动机工作是否平稳，有无杂音，排气是否正常；原地不动，小油门结合各操纵杆件，看割台、输送机构等工作是否运转灵活，有无异常响声；挂低挡行走，看转向是否灵活，制动是否平稳，挂挡是否轻便，是否有异常响声；各报警器、照明、信号装置是否正常等。

九、插秧机的选购

（一）插秧机基本知识

插秧机分为：乘坐式高速插秧机、简易乘坐式插秧机、手扶步进式插秧机。

（1）乘坐式高速插秧机　行走采用四轮行走方式，后轮一般为粗轮毂橡胶轮胎；采用旋转式强制插秧机构进行插秧，插秧频率比较快，作业效率比较高。市场上常见的乘坐式高速插秧机，插秧行数为6行，作业幅宽1.8米，配套动力8.5~11.4千瓦，作业效率每小时0.4公顷左右。

（2）简易乘坐式插秧机 行走采用单轮驱动和整体浮板组合方式，采用分置式曲柄连杆机构进行插秧。市场上常见的简易乘坐式插秧机，插秧行数为6行，作业幅宽1.8米，配套动力2.94千瓦左右，作业效率每小时0.15公顷左右。

（3）手扶步进式插秧机 行走采用双轮驱动和分体浮板组合方式，采用分置式曲柄连杆机构进行插秧。市场上常见的手扶步进式插秧机，插秧行数为4行和6行，作业幅宽1.2~1.8米，配套动力1.7~3.7千瓦，作业效率每小时0.1~0.2公顷。

（二）正确选购插秧机

①明确自己的使用要求，仔细阅读使用说明书，弄清楚机器的适用范围和禁忌事项。货比三家，综合考虑产品价格、质量和服务，千万不要贪便宜，听信销售者一面之词。偏听偏信容易掉进陷阱。

②尽量选购列入《国家支持推广的农业机械产品目录》的产品，并查看是否粘贴有菱形的农业机械推广鉴定证章。这些产品的产品质量可信度比较高。

③慎重选择经销单位，一定要到有固定场所、证照齐全的农资经营单位购买。出了问题找得着人。

④购买时必须索取购机发票、合格证、"三包"凭证和使用说明书，千万不要以为自买自用，又不报销，嫌麻烦，货物到手，一走了之。轻率的结果，隐患就在后头。

十、播种机的选购

（一）播种机基本知识

播种机可分为以下八类：

（1）谷物条播机　由机架、地轮、传动机构、排种器、排肥器、种箱、肥箱、开沟器、覆土器和镇压轮等组成。按与拖拉机的挂接方式可分为牵引式和悬挂式，可一次完成开沟、施肥、播种、覆土和镇压等工序，主要用于条播小麦、大豆、玉米等，配有小槽轮排种器的机型还可播草籽。

（2）单粒精密播种机　多采用播种单体与机架连接的方式，播种单体一般由开沟器、压种轮、仿形限深轮、镇压轮、种箱、传动机构等组成。可精播玉米、大豆、高粱、甜菜、棉花等中耕作物，有的地区对小麦也可实现精量播种。

（3）穴播机　机架结构形式有采用谷物条播机的，也有采用精密播种机的，排种器为窝眼轮式，每穴投2～3粒种子，用于穴播玉米、大豆、棉花、花生等，也有小麦穴播机，每穴投种6～

11 粒。

（4）旋耕播种机　开沟器前设置有旋耕刀辊，拖拉机动力输出轴的动力通过万向节传动轴经齿轮变速箱传递至旋耕刀辊。作业时，旋耕刀对上层土壤和植被进行旋耕、切碎，开沟器开沟，种子落入沟底被旋耕刀抛起的土覆盖，随后由镇压轮镇压，完成播种过程。旋耕播种机的主要优点是联合作业，可以一次完成旋耕整地、开沟、施肥、播种、覆土和镇压等工序，减少作业次数，节约成本。旋耕播种机多为条播和穴播，目前在我国应用广泛。

（5）铺膜播种机　铺膜播种机是铺膜机与播种机的有机组合形式，属于复式作业农机。除了具有播种机的典型机构外，还有平土框及镇压辊、膜捆、展膜辊、压膜轮、鸭嘴滚筒式成穴器、覆土圆盘等。工作时，平土框及镇压辊将地面推平并压实，地膜经展压辊展平铺在地上，再经压膜轮将地膜与地面压实，鸭嘴滚筒式成穴器按要求的行距与株距打孔并播种，随后覆土。铺膜播种机多为穴播，可用于小麦、棉花、花生等穴播。

（6）免耕播种机　免耕播种机是在地表秸秆覆盖或者留茬情况下，不耕整地或为了减少秸秆残留进行粉碎、耙、少耕后播种的农机。

（7）穴盘播种机　由填土、压坑、精量播

种、覆土、刮平、传动输出机构组成，机组常为固定流水线形式，以电动机为动力，在大棚里使用，主要用于穴盘秧苗的播种，目前应用并不广泛。

（8）撒播机　料斗一般用不锈钢制作，撒播轮通常为齿轮传动，拖拉机动力输出轴的动力经齿轮变速器传递至撒播轮，料斗中的种子落到撒播轮后在离心力的作用下撒播到地面。撒播机主要用于在牧场大面积撒播草籽，在水稻未收获前撒播绿肥种子，在林区大面积撒播树种等。撒播机既可用于撒播种子，也可用于撒播颗粒状化肥，操作方便、快速。

（二）正确选购播种机

①尽量选购列入《国家支持推广的农业机械产品目录》或《各省支持推广的农业机械产品目录》中的产品。

②尽量选购已获部级或省级农业机械推广鉴定证章的产品。

③播种机应是正规企业生产的产品，应有出厂检验合格证、"三包"凭证、产品使用说明书，配（附）件或专用工具齐全。

④机器明显位置处固定有标牌，标牌字迹清楚，内容应包括产品型号和名称、出厂编号、产品制造

日期、整机质量、生产厂名称等。

⑤播种机的外观应整洁，不得有锈蚀、碰伤等缺陷；油漆表面应平整、均匀和光滑，不应有漏底、起皮和剥落等缺陷。

⑥播量调节机构操纵应轻便灵活，搬动调节杆或转动螺纹调节播量应方便，刻度应准确。

⑦种、肥箱结合处不应漏种、肥，排种盒与箱底板局部间隙不大于1毫米。

⑧外露齿轮、链轮传动装置应有牢固、可靠的防护罩，有危险的运动部位应在其附近固定安全警示标志。

⑨种肥箱盖开启时应有固定装置，作业时不应由于振动颠簸或风吹而自动打开。

⑩应注意播种机的配套动力要求与使用者的动力机械相符。

第三章 农机安全使用与维修保养

　　随着农机购置补贴额度的大幅度增加，农机数量快速增长，农机作业领域不断增加，操作人员数量大量增加，农机安全事故时有发生，据不完全统计，仅2010年全国发生农机安全事故812起，死亡214人，受伤517人，给人民生命财产造成了巨大损失。操作人员安全意识淡薄，操作不规范，超载、超负荷使用农机，是造成事故的重要原因之一，尤其是拖拉机、联合收割机等危及人身财产安全的农机安全检验率低，操作人员专业化程度不高，无证驾驶、非法载人等现象较为普遍；此外，不能正确地对农机进行维修保养，无法发现安全隐患，也是造成事故的重要原因。因此，加强农机的安全使用教育，及时对农机进行维修保养显得尤为重要。

专家提示

　　使用农机需要经常细致、及时地进行技术保养和维修，这样可减轻磨损，保证农机经常处于良好技术状态，延长农机的使用寿命，使农机在作业时达到耗油低、效率高、生产成本低的目的，同时还会起到排除安全隐患，减少安全事故发生的作用。

一、农机的启用

1. 仔细阅读使用说明书 认真领会说明书中关于农机使用、维护、保养的操作要领。

2. 调试 需要进行组装及与动力机挂接的农机，按说明书要求进行组装调试。工作农机与动力机连接的液压或气体管路，出厂时在管口处均装有堵塞，安装时要先将堵塞取出，并在管路接口处加装密封件或涂抹密封胶，然后按规定拧紧，以防工作液（或气体）的渗漏，影响农机的正常工作。

3. 试运转 启用前检查各连接、紧固件是否可靠，各运动部分是否灵活，发现运动部件有卡滞、干涉现象时，应检查原因，并根据具体情况予以排除，确认无异常后方能试机运转。

二、农机的磨合

新农机或大修后的农机投入使用的初期称为磨合期。新的或大修后的农机尽管在生产过程中经过了生产磨合，但零件的加工表面仍存在微观和宏观的几何形状偏差，其总成和部件也存在一定的装配误差，使实际配合面积减小，表面接触应力增大。若农机未经磨合就以正常负荷运行，将加速零件的磨损和破坏。因此，新的或大修后的农机，在正式投入使用前，必须进行磨合。在磨合中使配合面逐渐趋于最佳配合状态，通过磨合还可发现农机在制造、维护、修理中存在的故障隐患，通过检查、调整或更换不合格零件，从而提高农机的使用可靠性。农业机械生产厂家针对所生产的农机类型、工作性质均规定了磨合期，并规定了相应的磨合操作规范，使用中务必参照执行。

1. 磨合期的使用特点

（1）零件磨损速度快　由于新配合件配合间隙小，表面较粗糙，润滑条件差，相对运动中摩擦阻力大，运行中磨损掉的金属屑残留于配合表面，形成磨料磨损，导致零件表面迅速磨损。

（2）润滑油易变质　由于零件表面磨损快，被磨削的金属屑多，配合表面和润滑油的温度高，润滑油易被污染、氧化变质。

（3）运行故障多　零件表面的几何形状偏差、装配误差、紧固件松动、使用操作不当等均会导致机器磨合期的故障增多。

（4）油耗量高　尽量找到节约用油的办法。

2. 磨合期应采取的技术措施

（1）减载、限速　整个磨合期内的工作负荷不应超过额定载荷的 75%，动力农机运行速度不允许超负荷运行。

（2）严格遵守驾驶操作规程　内燃机在冬季启动时，应将内燃机预热温度升至 $50\sim60℃$；行驶中，冷却系统水温不应低于 $80℃$；起步、加速应平稳；换挡应平稳、及时；行驶中要注意选择路面，不在凹凸不平的路面上行驶，以减轻震动和冲击。

农机在磨合期，应切实控制工作负荷和工作速度。如收获机械，喂入量不宜过大；旋耕机械应注意根据土质、农艺调节耕深和旋耕速度。

（3）选择优质燃料和润滑油　选择抗爆性好的优质燃油，以防内燃机爆燃；选择黏度较低的优质润滑油或加有添加剂的专用润滑油。润滑油加注数量接近或达到规定加注量范围的上限值，并应按磨合期维护保养的规定及时更换。

（4）加强磨合期的维护保养　农机在磨合前，应仔细检查外部各种螺栓、螺母和锁销的紧固情况，检查运动部件的连接、润滑油情况。对拖拉机等道路运输机械，应检查制动液的加注情况和轮胎气压，检查蓄电池放电情况和制动、安全防护装置是否有效，以防机器在磨合期出现事故和损坏。

磨合时应密切注意农机运转情况和作业质量的变化，发现有异常响声、气味，工作质量变化等情况时，应立即停机检查，排除故障隐患、更换损毁零件，确认正常后再按正常磨合规范继续使用。磨合期结束后，应对农机进行一次全面的检查、紧固、调整和润滑等维护保养作业，使其达到良好的技术状况。

三、拖拉机安全使用要求

（一）拖拉机启动时的安全操作要求

①检查有无润滑油和燃油。

②检查变速杆是否置于空挡位置。

③检查有无冷却水。严禁无冷却水启动。严冬季节启动前应充分预热，预热时应用温水（水温约40℃）、再用热水（水温约70℃）预热；严禁用明火烤车的方式预热。

④手摇启动要握紧摇把，发动机启动后，应立即取出摇把。

⑤使用汽油启动机启动时，绳索不准绕在手上，身后不准站人，人体应避开启动轮回转面，启动机空转时间不准超过5分钟，满负荷时间不得超过15分钟。

⑥使用电动机启动，每次启动工作时间不得超过5秒，一次不能启动时，应间歇2～3分钟再启动。严禁用金属件直接搭火启动。

⑦主机启动后，应低速运转，注意倾听各部有无异常声音，观察机油压力，并检查有无漏水、漏油、漏气现象。

⑧拖拉机不准用牵引、溜坡方式启动。如遇特殊情况，应急使用时，牵引车与被牵引车之间必须刚性连接，有足够的安全距离，并有明确的联系信号。溜坡滑行启动时，要注意周围环境，确保安全，并有安全应急措施。

（二）拖拉机固定作业要求

①发动机启动后，必须低速空运转预温，待水温升至60℃时方可带负荷作业。

②使用皮带传动时，主从动皮带轮必须在同一平面，并使皮带保持合适的张紧度。

③采用动力输出轴驱动的工作农机，应注意主从动联轴器（节）的安装方法，并安装防护罩。

④水箱"开锅"，经常注意观察仪表，水温、油压、充电系统是否正常。

⑤蒸发式冷却的发动机水箱"开锅"是正常现象，工作中注意添加冷却水即可。强制循环冷却的发动机，水箱"开锅"属故障现象，此时须关停工作农机，使发动机低速空转，待水温正常后，再补充冷却水，并根据具体情况予以排除"开锅"故障。严禁发动机过热状态打开水箱盖，切忌采用向发动机体浇冷水的方法强制发动机降温。

⑥异常情况：发动机工作时出现异常声响或仪表指示不正常时，应立即停机检查。

⑦动力机停机前，应先卸去负荷，低速运转数分钟后熄火。不准在满负荷工作时突然熄火停机。

⑧对工作农机进行检查、保养及排除故障时必须先切断动力，熄火停机后进行。

⑨严禁超负荷作业。

⑩夜间作业，照明设备必须良好有效。

（三）拖拉机运输作业要求

①起步前需环顾四周及车下情况，发出信号，确认安全后方可起步。不准强行挂挡，不准猛抬离合器踏板起步。

②手扶拖拉机起步时，不可在放松离合器手柄的同时操作转向手柄。

③手扶拖拉机应用中低速爬坡，不允许在坡上换挡。为避免倒退时扶手上翘，放松离合器手柄时应平稳，不得用大油门起步。拖拉机行驶中严禁双手脱把。

④轮式拖拉机在道路上行驶时，左右制动踏板须用锁板连锁在一起，严禁使用半边制动急转弯。正常行驶时，不允许将脚放在离合器踏板上，不允许采用离合器的半联动控制车速；不准在不摘挡的情况下，采用踩下离合器踏板的方法临时停车。

⑤驾驶室或驾驶台不准超载，不准在驾驶室或

驾驶台放置有碍安全操作的物品，严禁在悬挂的农具上搭乘人员。农机的配重必须牢固可靠。

⑥挂接拖车和农具须用低挡小油门，机手应尽量避开拖拉机和农具之间易碰撞和挤压的部位；拖拉机和拖车连接必须牢固可靠，牵引卡的销轴须用锁销锁住，主、挂车之间须加装保护链。拖车须安装制动系统和防护网。

⑦拖拉机和拖车的转向、制动装置的作用必须正常可靠。拖拉机必须安装方向灯、喇叭、尾灯、刹车灯、后视镜等安全设备。拖车必须装有尾灯、刹车灯、方向灯等显著标志。

⑧只准一机一挂，小型拖拉机不准拖挂大、中型挂车。

⑨运输易燃物品时，严防烟火，须有防火措施。

⑩在道路上会车时，要提前减速让行，使拖拉机和挂车拉成直线，如果需要超越其他车辆时，要充分考虑拖车长度，不可过早驶入正常行驶路线。

⑪拖拉机带挂车应低挡起步，不准在窄路、坡道、弯道、交叉口及桥梁、涵洞路段高速行驶。车辆列队行驶时，各车之间应保持足够的安全距离。拖带农具和高速行驶时，严禁急速转弯。

⑫拖拉机上、下坡时必须遵守的规定：上、下坡前应选择好适当挡位，避免拖拉机在坡道上换挡；不准曲线行驶，不准急转弯和横坡调头，不准倒挡

上坡；下坡时不准用空挡、熄火或分离离合器等方法滑行；手扶、履带式拖拉机下坡转向或超越障碍时，要注意反向操作，防止跑偏或自动转向；拖拉机应避免在坡道上停车。必须在坡道停车时，切记锁紧制动器，并采取切实可靠的防滑措施。

⑬拖拉机行经渡口必须服从渡口管理人员指挥，上、下渡船应慢行。在渡船上须锁定制动，并采取可靠的稳固措施。

⑭拖拉机通过铁路道口时必须遵守下列规定：

听从道口安全管理人员的指挥；通过设有道口信号装置的铁路道口时，要遵守道口信号的规定；通过无信号或无人看守的道口时，须停车瞭望，确认安全后，方可通过，切不可使发动机熄火；不准在道路叉口停留、倒车、超车、掉头。

⑮拖拉机在冰雪和泥泞路上行驶时须低速行驶，不准急刹车和急转弯。

⑯拖拉机通过漫水路、漫水桥、小河、洼塘时须查明水情和河床的坚实性，确认安全后通过。

⑰履带式拖拉机或轮式拖拉机悬挂、拖带农具路途运输时，事先应将农具提升到最大高度，用锁定装置将农具固定在运输位置。通过坚硬道路，牵引犁需拆掉抓地板，行车速度不准太高。通过村镇时须有人护行，严防行人和儿童追随、攀登。

⑱拖拉机在行驶中发生"飞车"，应立即停止供

油，踏下制动器使发动机熄火。拖拉机停车时，发动机"飞车"，应打开减压，切断供油，并堵塞空气滤清器，迫使发动机熄火。

⑲拖拉机倒车应选择宽敞平坦地段，倒车时出现主、挂车折叠现象应立即停车，前进拉直后再重新倒车。

⑳夜间作业必须有完好、齐全可靠的照明设备。

㉑拖拉机停车时发动机未熄火并未锁紧制动前，不准到拖拉机底下检查、修理和保养机器。

㉒未使用防冻液的发动机在冬季放水，应停车待水温降到 70℃ 以下，方可以放水箱、机体内的水。

（四）履带式拖拉机推土作业要求

①发动机工作时禁止在推土机下工作，起步时，应通知周围其他人员。

②推土机行驶时在推土铲臂上禁止站人，禁止在行驶中进行维护、修理。

③推土机作业时驾驶员不准与地上人员传递物件，不准在驾驶室、脚踏板、手柄周围堆放物品，操作人员不得擅离职守。

④推土机作业时向深沟推卸土方，推土铲禁止超出沟边，后退时，须先换挡后提铲。

⑤不准用推土铲强行操作，如其用一侧或猛加

油，或猛抬离合器踏板等方法，强行推铲硬埂、冻土、石块、树根等坚固物体。

⑥推土机在山区行驶时不准在陡坡上横行。纵向行驶时，不准急拐弯，下陡坡时应将推土铲降至地面，不准拖着推土铲倒车下坡。

⑦推土作业时应先清理施工区段内埋没的电杆、树木、管道、石块、墓碑等，填平暗洞、墓穴、坑井后再进场作业，以防事故发生。

⑧坡地作业发生故障或机车熄火时必须先将推土铲降至地面，踏下并锁住制动踏板，在履带前后用石块或三角木垫牢，然后进行检修和启动发动机等工作。

⑨禁止推土铲升起后在推土铲下观察和工作。

⑩推土机经过公路路面时应装车转移。

四、联合收割机安全使用要求

①收割机作业前须对道路、田间进行勘查，对危险路段和障碍物设置醒目标示。

②对收割机进行维护保养、检修、排除故障时必须切断动力或在发动机熄火后进行，切割器和脱粒滚筒同时堵塞或发生故障时，应先清理切割器再清理脱粒滚筒，在清理切割器时严禁转动滚筒。

③在收割台下进行机械保养或检修时须提升收割台，并用安全托架或垫块支撑稳固。

④卸粮时接粮人员不可将手伸入出粮口，不准用铁器等工具伸入粮仓。

⑤收割机秸秆粉碎装置的刀片要安装正确可靠，作业时严禁在收割机后站人。

⑥长距离转移地块或跨区作业前须卸空仓内的谷物，将收割台提升到最高位置予以锁定，不准在集草箱内堆放货物。

⑦收割机械须备有灭火器等防火灭火用具，夜间保养机械或加燃油时不准用明火照明。

五、插秧机安全使用要求

①发动机启动时，主离合器和插秧部分离合器手柄须放在分离位置。

②地头转弯时须将工作部件动力切断，升起分插轮，过田埂时须将机架抬起。

③装秧人员的手、脚不准伸进分插部位。

④运输时须将插秧部分离合器分离，装好运输轮和地轮轮箍。

⑤检查、调整、保养及排除故障，必须熄火停机进行。

六、播种机安全使用要求

①拖拉机与播种机之间必须设置联系信号。

②连接多台播种机时，各连接点必须刚性连接，牢固可靠，并设置保险链。

③工作中，不许将手伸入种子箱或肥料箱内去扒平种子或肥料，排种装置及开沟器堵塞后，不准将手或金属件直接清理。进行清理或保养时，开沟器必须降至最低位置。

④播种机开沟器落地后，拖拉机不准倒退，地头转弯时须升起开沟器和划印器。

⑤播种药种子或播种兼施化肥时，机手须穿戴好防护用品，作业后要洗净手、脸。

⑥转移地块或短距离运输，开沟器必须处在提升位置，并将升降杆固定，长距离运输必须装车运送。

七、拖拉机维修与保养

（一）拖拉机常见故障及排除方法

1. 作用反常或迟钝 如启动困难、不易转向、制动不灵、工作无力。

2. 声音反常 如发动机声音异常，曲柄连杆有异常敲击声、排气管放炮等。

3. 温度异常 发动机温度过高、离合器过热、后桥轴承部位过热。

4. 外观反常 如排气管冒黑烟、白烟、蓝烟，发动机等部位漏水、漏气、漏油。

5. 气味反常 如摩擦片烧焦气味。

当拖拉机发生故障时，应分析判断，采取必要的方法，找出故障发生的部位和原因。分析故障应遵循的原则是：结合拖拉机整体构造和部件构造，联系整机及部件工作原理，搞清现象，具体分析；从简到繁，由表及里；按系分段，检查分析。

（二）拖拉机的技术保养

目前只注重使用而不注意保养是我国农机用户存在的普遍问题，"能用就行，何必花钱保养"是一种极其错误的认识，拖拉机在使用过程中，车上的各个零件和配合件等会由于磨损、松动、变形、疲劳等因素的作用，逐渐降低或丧失工作能

> **知识点**
>
> 拖拉机的日常保养分为班次保养和定期保养两种，班次保养是在每班工作开始和结束时进行；定期保养是指拖拉机工作一定时间后进行。技术保养一般分为一级、二级、三级和四级。

力，严重时还会导致整机的技术状态失常。另外，像燃油、润滑油、冷却水等工作介质，在被消耗的

过程中，性能逐渐发生变化，甚至使拖拉机不能正常工作，造成整机技术状态恶化，会出现诸如启动困难、功率下降、油耗增加、零件磨损加剧、故障增多等不正常现象，结果使拖拉机的使用寿命降低，严重时还会引起机械或人身事故。因此，在拖拉机使用中一定要认真地做好技术保养工作，这样不仅可以减缓各个零件技术状态的恶化速度，延长使用寿命，还可以及时消除安全隐患，避免安全事故的发生。

八、联合收割机维修与保养

（一）联合收割机常见故障及排除方法

1. 割刀堵塞或运转不灵　收割时遇到石块、木棍、铁丝，切割器被铁丝等卡死，此时应停车熄火，清除障碍，检查切割器是否损坏；刀片间隙太大，切割器将谷物连根拔起并卡死在切割器上，此时应停机清除割刀上的堵塞物，调整动刀片与定刀片间的间隙；杂草过多，割茬太低易造成割刀堵塞，此种情况可适当提高割茬；压刃器压得太紧，切割器间隙太小，易造成割刀运转不灵活，应适当调整间隙；割刀传动系统皮带松，造成切割速度低，进而造成堵塞，此时应张紧切割器传动皮带。

2. 拨禾轮缠草　拨禾轮太低，应提高拨禾轮位置，使轮缘作用在作物高度的 2/3 处。拨禾轮的弹齿向后倾斜的角度过大，弹齿易挂草，对此应调整弹齿角度。

3. 拨禾轮无法升起　液压油箱内油不足；齿轮泵吸油管密封不严；液压油箱吸油法兰上 O 形圈损坏或齿轮泵吸油接头上 O 形圈损坏；齿轮泵损坏；多路阀内控制拨禾轮升降的安全阀调压弹簧调整压力不足或弹簧失效等。排除方法有：检查液压油量不足时应加入液压油使液面达到加油滤芯一半高度；油路漏油时应将吸油管两端螺母锁紧，喉箍紧固；更换新 O 形圈；若齿轮泵损坏应更换新齿轮泵；安全阀调压弹簧调整压力不足或弹簧失效，应调整安全阀压力至说明书规定值，如弹簧失效需更换新弹簧。

4. 割台搅龙堆积堵塞　作物太矮喂入量太小，使作物在割台上打滑无法喂入，造成拥堵，此时应尽量降低割茬、加大喂入量；拨禾轮太靠前不能有效地将作物铺放造成堵塞时，应将拨禾轮后移，但不能碰割台搅龙；割刀助运板损坏也可造成割台堵塞，此时应及时修复或更换割刀助运板；因喂入量太大而造成的堵塞，可通过减小割幅、适当提高割茬、降低行走速度等方法减少喂入量；割台底板变形时应及时校正割台底板，否则也易造成割台堵塞。

5. 割台无法下降或割台下降过快　割台无法下

降是由于多路阀内液压锁开启压力过高，应调整液压锁内弹簧，降低开启压力。割台下降过快是由于多路阀内节流片间隙过大，应调小节流片间隙。

6. 启动无反应、启动无力　启动无反应主要是蓄电池极柱松动或电缆线搭铁不良，此时应紧固极柱，将搭铁线与机体连接可靠。还应检查插接件结合处，并连接好或更换电器件。

启动无力主要是由于电瓶极柱虚接或电瓶电力不足造成的，应紧固极柱或充电。

7. 启动后全车灯及仪表无电　应对各路保险、主电源继电器、点火开关、灯泡、导线接插件等进行检查，采取更换保险丝、灯泡、继电器、点火开关等进行排除。导线或线束插头接触不良时，需重新连接导线插头。

8. 不充电　发电机风扇皮带打滑或连接导线断了，应调整好风扇皮带的松紧度或将发电机各连接导线连接正确和牢固；电流表损坏或极性接反，应更换表头或正负极性线头对调；发电机内部故障，应修理或更换发电机；调节器损坏时应及时更换。

9. 通电后仪表工作不正常　水温表或油压表指示最高位，发动机工作时不能回到正常指示，主要是仪表、传感器或保险丝损坏，应更换相应仪表、相应传感器或保险丝。发动机运转后转速表不动或指示不准，若是接线脱落、转速表损坏、传感器损坏，应连接好插头、更换仪表、更换传感器。若是由于传感器端口与飞轮齿顶间隙过大造成，则应将间隙调整为 1.5~2.5 毫米即可。

10. 脱粒滚筒转动不稳定或有异常声音　滚筒内有异物应清除异物；螺栓松动或脱落或杆齿损坏应拧紧螺栓或更换和修复杆齿；滚筒不平衡应取下滚筒重新校平衡；滚筒轴向窜动与侧壁碰撞应调整轴向窜动量并紧固牢靠；滚筒轴承损坏需更换轴承。

11. 排草夹带损失大　谷物太湿或割台"吃泥"，使凹板筛孔堵塞，此时应打开滚筒盖，清理凹板；刚下过雨或露水太大最好不收割；发动机未达到额定转速，或联组带、脱谷带未张紧，应检查油门是否到位，或张紧联组带和脱谷带；喂入量偏大，应降低作业速度或提高割茬，以减少喂入量；籽粒带柄率高难脱粒，此时应适当拆去 1~2 条齿杆。

12. 含杂率高　前风机的风量不足，应调整风机转速或进风口开度，提高前风机的风量；发动机油门小，改用大油门；凹板与滚筒的脱粒间隙过小，导致碎草过多，此时应调大凹板与滚筒的脱粒间隙；双滚筒机型两圆筒筛之间的间隙过大，短秸秆易漏下，应调小两圆筒筛之间的间隙；后风机与后风机挡板的间隙过大，导致后风机风量不足，应适当调小后风机与挡板的间隙以增大后风机风量；滚筒盖导草板的工作棱过于粗糙，导致碎草过多，应修磨掉滚筒盖导草板的锐棱；清选调节板角度太高，应降低清选调节板高度；清选延长板调出太长，应调短清选延长板的长度。

13. 籽粒破碎、破壳多　滚筒转速太高、对作物的冲击作用太强，要适当降低滚筒转速；脱粒间隙太小，应在脱粒滚筒两端轴承座下加垫片，增大脱粒间隙；凹板变形，谷粒推运搅龙等部位技术状态不良，碰压、挤压谷粒过多，应修正凹板；检查各推运器外壳有无变形，搅龙轴有无弯曲，搅龙间隙是否正常，并作相应的修正。

14. 脱粒滚筒堵塞　传动皮带松，应张紧传动皮带；行走速度太快，喂入量过大或喂入量不均匀，应保持大油门工作，作物产量高时，不满幅收割，换低速挡作业；茎秆太湿，谷物太高，此时应选择成熟干燥的谷物收割，适当提高割茬，或装配下切割器附件进行收割；滚筒盖板的螺旋导草板变形、脱落，应修复装好螺旋导草板。

15. 滚筒脱不净且籽粒带柄率高　滚筒转速低，应在保证不破碎的前提下，提高滚筒转速；脱粒间隙较大，应去掉脱粒滚筒两端轴承座的垫板，减小脱粒间隙；喂入量较大，应减小喂入量；凹板横格条变形，应修正或更换凹板；作物太湿，应延期收获。

（二）联合收割机的技术保养

联合收割机的工作对象是泥、水和作物，面临暴晒、雨淋的恶劣作业条件，客观上由于泥、水、尘的长期渗入造成了对农机技术状态的破坏，技术保养是消除这些不利影响，恢复农机的技术状态，延缓磨损，增加使用寿命，提高经济效益的重要环节。

1. 每日技术保养　每日技术保养又分为班前、班中和班后保养，其中班前、班中保养着重于检查润滑和必要的调整，而班后保养着重于保证机器处于良好的技术状态，以准备新一天的工作。

班前保养的主要内容：检查油箱、水箱中水的存量，不足时给予补充。按机器铭牌所示润滑点加注润滑油，对各传动带、链的张紧情况予以检查，并进行适度张紧。

班中保养一般在作业 4 小时左右进行，利用中午休息时，做重点工作部件的检查，清除缠草和杂草，对各轴承的发热情况予以关注，重要润滑点加注润滑油。

班后保养是在结束一天的收割作业，各工作部件连续负载 8 小时左右，进行一次全面的保养。

①清理机器各工作部件上的颖壳、碎草禾衣、泥土等附着物。如切割器上的残草、割刀驱动偏心轮轴的缠草，散热器上的尘埃，筛面上的残余，滚筒凹板两侧壁间隙中的残茎秆，驱动轮、支重轮及轴附着的泥等均应完全清除。

②检查各工作部件的紧固情况及各轴承位的正常位置，对松动件应加以紧固。

③对已严重磨损的三角带和链节要进行更换。

④对操纵杆操纵的灵活性和准确性予以仔细的检查，对刹车和左右制动状态进行鉴定。

⑤对液压升降系统进行油箱油位、管路的渗漏情况、密封情况的检查和确认。

⑥清理空气滤清器的保护网和滤芯，必要时应进行清洗，待干后浸机油装回。

⑦检查变速箱、燃油泵，及时添加机油，疏通燃油箱盖通气孔，清洗燃油滤清器。

⑧全面按润滑点加注润滑油。

2. 季节性技术保养 每年夏、秋两个收割期完成后，必须对联合收割机进行入库前的季节性保养，否则不能入库，季节性保养应遵循如下程序：

①彻底清除机器上的泥、草、尘等附着物，排净水平和垂直搅龙、粮箱及中间输送装置上下交接口处的残留籽粒。

②放松全部传送带、链及弹簧、履带张紧放松。

并对链和弹簧加润滑油封好，皮带需用肥皂水洗净后，擦干存放。

③对各滤清器进行清洗，包括散热器片。检查变速箱机油和液压油箱，视状态进行更换。

④检查行走离合器及主离合器摩擦片、分离轴承，视情况进行调整和更换。

⑤对各球面轴承可拆下轴承，从外圆小孔加注润滑油。

⑥拆除蓄电池电源线，倒出电池液，并用蒸馏水反复冲洗电瓶和锌片，并待干后，封口。

⑦清洗干净的切割器、链轮均要涂防锈油防止锈蚀。

⑧检查各工作部件的零部件的损坏情况，并视情况予以修理或更换。

⑨对各运动部件进行充分的润滑。

3. 保管 联合收割机每年纯作业时间约 2 个月，除此之外，有 10 个多月的时间都是停放保管，保管的好坏直接关系机器的技术状态是否下降，使用性能是否下降，关系到来年作业质量的高低，因此，必须重视保管。

联合收割机的结构特点主要是板金结构件，容易变形和锈蚀。应选择通风、干燥的室内存放，履带不得与汽油、机油等物接触，禁止露天摆放，并遵守如下规程：

①入库保管之前必须完成收割季节后的保养。

②放松全部传动皮带和链轮、弹簧。

③割台放到最低位置并在其下垫木架空，履带放松后最好在下面垫两块木板。

④卸下蓄电池。

⑤在切割器和链轮涂防蚀油。

⑥在保管过程中每月对液压操纵阀和分配阀在每个工作位置上扳动 15 次，转动发动机曲轴几圈，使活塞、气缸等重新得到润滑。

⑦加盖篷布，防止灰尘及杂物进入。

九、插秧机维修与保养

（一）插秧机常见故障及排除方法

1. 变速箱漏油或声响过大　漏油一般是油封损坏引起的，更换油封即可；声响过大，可能是锥齿轮侧隙过大或轴承损坏引起的，可检查齿轮啮合状况或更换轴承。

2. 缺株过多

（1）检查所插秧苗的均匀程度　如果秧苗生长不均匀，尽量选取生长较好的秧苗，并增大取苗量，将横向送秧次数减少。

（2）检查苗床土　如果苗床太薄或太软，且秧根的生长不良，则减少压苗杆和苗床之间的距离；

如果床土太厚，则加大压苗杆和苗床之间的距离，如有可能，把床土厚度切成 2.5 厘米。

（3）检查秧苗装入苗床后的状态　如果倒伏严重，则将苗理顺，重新装入。

3. 漂秧过多、插秧凌乱

（1）检查田中的水深　如果超过 3 厘米，放水到 0～3 厘米或适当降低插秧速度。

（2）检查田块整地质量　如果田块太硬，重新整地到适合插植的硬度或适当降低插秧速度；如果田块表面泥脚柔软，将适正感应杆移到软的方向或延迟插秧。

（3）检查秧苗状态　如果是苗床土质不好易掉落的秧苗，插秧前适当弄湿苗床；如果是秧苗根部生长不良易脱落的秧苗，使用苗板取苗和放苗，尽量使秧苗不产生崩裂，并适当降低插秧速度。

（4）检查插秧爪　如果有变形或损坏，应及时更换插秧爪。

4. 插秧株距变小　插秧株距变小主要是由插秧机行走阻力较大、车轮打滑和机械前部上浮打滑造成，将株距调大一挡。

5. 插好的秧苗呈拱门状　插好的秧苗呈拱门状主要由秧苗被插秧爪推倒造成，适当加大插秧深度或加大插秧株距，或适当降低插秧速度。

（二）插秧机的技术保养

插秧机在插秧作业结束，进入空闲期，做好入库保养检查，可延长机器使用寿命，技术保养应遵循以下程序：

1. 外观保养检查 检查外部零件是否冲洗干净，各损坏部件是否更换；有无生锈，各活动部件是否锈蚀。

2. 发动机保养检查 检查空气滤清器是否通畅，海绵是否干净；汽油是否放净，油旋扭是否关闭；曲轴箱齿轮油是否更换，齿轮油是否清洁；缓慢拉动反冲启动器拉绳几下，是否转动正常，有无压缩感。

3. 液压部分保养检查 检查液压皮带（一级皮带）磨损程度，液压油是否充足、清洁；液压部分活动件是否灵活，注油处是否注油；液压仿形的中浮板动作是否灵敏。

4. 插植部分保养检查 检查插植传动箱、插植臂、侧边链条箱是否加注黄油、机油；插植臂是否正常运转；秧针与秧门间隙是否正确，纵向取苗量调整是否正常；导轨是否注黄油；纵向送秧是否活动正常，送秧星轮转动是否正常等。

5. 行驶部分保养检查 检查变速杆调节是否可靠；行走轮运转是否正常；左右转向拉线是否注油。

十、播种机维修与保养

(一) 播种机常见故障及排除方法

1. 播种间距不均匀或者种子分布不均匀

原因：作业速度太快；种杯堵塞；种管堵塞；开沟器圆盘不能正常转动。

排除方法：降低作业速度；清理种杯；清理种管；检查开沟器圆盘。

2. 播种深度不均匀

原因：作业速度过快；作业条件太湿；播种机不平；挂接高度不正确。

排除方法：降低作业速度；适合的时候作业；重新调整挂接高度。

3. 开沟器圆盘不能正常转动

原因：残茬或者泥土聚集在圆盘刮土器上；刮土器调整太紧，限制转动；圆盘轴承损坏；开沟器框架弯曲或者变形等。

排除方法：清理刮土器；调整刮土器；更换圆盘轴承；更换开沟器框架等。

4. 种子破碎过多

原因：作业速度过快；种杯槽轮工作长度不够大；种杯舌门开度不够。

排除方法：降低作业速度；将种杯槽轮开到足

够宽;将种杯舌门开度放大。

5. 镇压效果不好

原因:太湿或者土块太多;挂接高度不正确;镇压轮深度与开沟器深度不匹配;在圆盘开沟器上没有足够的下压力。

排除方法:等到较干时作业或者重新整地;调整挂接高度;调整镇压轮深度;增加开沟器的下压力。

6. 镇压轮或者开沟器堵塞

原因:播种条件太湿;开沟器的下压力太大;在地里倒退;圆盘轴承不能工作。

排除方法:等到合适的时候作业;减少开沟器的下压力;清理镇压轮或者开沟器,并检查是否损坏;更换圆盘轴承。

7. 升起或者降落播种机困难或者不平稳

原因:液压设备渗漏。

排除方法:检查修理。

8. 犁刀开沟深度不够

原因:没有足够的重量;与拖拉机挂接高度太高;地轮支撑住播种机。

排除方法:增加配重;降低挂接高度;调整地轮高度。

9. 犁刀或者播种太深

原因:设置深度不合适;镇压轮调整不正确;

播种机太重。

排除方法：重新设置深度；设置镇压轮到较浅的位置；减轻配重。

（二）播种机的技术保养

播种机的传动链、排种器驱动链轮轴孔、地轮轴承、犁刀圆盘毂轴承、双圆盘开沟器轴承、驱动轴轴承等，应按照使用说明书规定的润滑油和润滑时间进行润滑。

在播种机使用一段时间后，检查所有的螺栓是否紧固；调整张紧轮，使链子保持适当的松紧程度，清除链子上的杂物并进行润滑；检查老化和损坏的零部件，进行维修或更换；使用喷漆覆盖播种机上刮擦、破裂和损坏处，以防金属锈蚀。当播种机使用完毕后，应彻底清除残留的种子与化肥，滞留在种箱内的种子受潮会发芽或霉变，堵塞排种器，而化肥受潮后会固结在排肥器上，无法正常使用，同时化肥对金属肥箱具腐蚀性。将播种机放在室内可以延长寿命，如果在室外放置应用油布遮盖，尽可能将播种机远离儿童。

第四章　农机化新技术

推广农机化新技术，对提高土地产出率、资源利用率和劳动生产率，提高农业现代化水平，具有重要的现实意义。加快农机化技术和装备的推广应用，促进农业机械化又好又快发展，是深入贯彻落实科学发展观，实现农业全面协调可持续的必然要求，是转变农业发展方式、推动结构优化升级的重要任务，是统筹城乡发展、推进社会主义新农村建设的有效手段，是加强生态环境建设，增强可持续

小贴士

中国农业机械化重点推广的新技术包括：水稻机械化生产技术、保护性耕作技术、玉米机械化生产技术、大豆机械化生产技术、花生机械化生产技术、油菜机械化生产技术、茶叶机械化生产技术、柑橘机械化生产技术、苹果生产实用机械化技术、薯类(马铃薯)机械化生产技术、牧草机械化生产及加工技术、节水农业机械化工程技术、农作物秸秆综合利用加工技术、畜禽养殖机械化及废弃物处理技术、高效植保机械化技术、农机在生产中的节油降耗技术。

发展能力的坚强保证。通过这些技术的大面积推广普及，加快我国农机化科技成果转化与应用，促进农业产业化经营、节约农业资源、降低生产成本、保护生态环境，促进粮食稳定增产、农业不断增效和农民持续增收，推进农业可持续发展。

一、保护性耕作技术

保护性耕作是土壤耕作范畴的技术。前提是秸秆覆盖，重点是免耕播种，关键是机械装备，配套植物保护、土壤改良等技术。主要包括四项内容：一是免耕或少耕。改革铧式犁翻耕土壤的传统耕作方式，实行免耕或少耕。免耕就是除播种之外不进行任何耕作，少耕包括深松与表土耕作，深松即疏松深层土壤，基本上不破坏土壤结构和地面植被，可提高天然降雨入渗率，增加土壤含水量。二是秸秆覆盖。利用作物秸秆残茬覆盖地表，在培肥地力的同时，用秸秆盖土根茬固土，保护土壤，减少风蚀、水蚀和水分无效蒸发，提高天然降雨利用率。三是免耕播种。采用免耕播种，在有残茬覆盖的地表实现开沟、播种、施肥、施药、覆土镇压复式作业，简化工序，减少机械进地次数，降低成本。四是杂草和病虫害防治。改翻耕控制杂草为喷洒除草剂或机械表土作业控制杂草。

保护性耕作最主要的作用是控制土壤侵蚀（自然侵蚀表现为风蚀、水蚀，人为侵蚀表现为耕作侵蚀）、保持土壤水分、保证农业生产可持续发展，同时节约能源和劳动力、减少化肥和水资源消耗，降低生产成本，这是保护性耕作不同于其他保护土壤方式的一个显著特点。

（一）主要技术内容及适应性

1. 秸秆覆盖技术 秸秆覆盖形式主要根据地区气候条件、生产需要等实际情况来确定。按覆盖量可分：全量覆盖、部分覆盖、留茬覆盖。按覆盖状态可分：立秆覆盖、倒秆覆盖、粉碎覆盖。秸秆覆盖数量与形式的选择以保护和培肥土壤为主，同时兼顾播种难易、种床温度，以及秸秆其他用途的需要。无论何种覆盖数量与形式，都必须做到秸秆分布均匀，在秸秆覆盖量大的地方，还需要选用防堵性能强的免耕播种机。

2. 免耕及少耕技术 免耕需要的机具少、作业少、作业成本低，而且保水保土效果好。因此，世界上许多地区和学者把免耕确定为保护性耕作的发展方向。但是，免耕需要满足一定的条件，否则长期免耕可能发生土壤板结、播种质量下降、作物根系发育变差、早衰减产等问题。免耕要求的条件主要有：土质为沙土或壤土、有足够的秸秆覆盖量、腐烂较快，机具性能过关，驾驶员和农户有足够管理能力等。如果不具备这些条件，或发现土壤板结，应该开展深松作业。深松可分为间隔深松和全面深松，间隔深松多采用柱铲式深松机，全面深松多采用桁架式（全方位式）深松机。由于保护性耕作没有犁底层，深松的深度不要求太深，一般30厘米就可以了，2～3年进行一次。

少耕作业是表土耕作，主要是在寒冷地区播前进行地表浅松以提高地温和除灭杂草，浅松可用浅松机或圆盘耙进行。浅松机的平铲从地表下 8～10 厘米处通过，松土及切断草根但不破坏地表秸秆覆盖，是比较理想的表土作业机具。

3. 免耕播种技术　目前，我国在实施保护性耕作中，应用的免（少）耕播种技术主要有：带状旋耕播种、带状粉碎播种、免耕直播、垄作播种等方式。带状旋耕播种是只对播种带进行浅旋耕，创造疏松的种床和保证开沟器顺利通过，搅动土壤不超过行宽的 1/3，适宜于大行距作物。带状粉碎播种只粉碎播种带上的秸秆残茬并推向两侧，保证开沟器不被秸秆堵塞，顺利完成开沟播种，相对带状旋耕播种土壤搅动小、动力消耗少。免耕直播是在有作物残留物覆盖的未搅动土壤上，直接用免耕播种机一次完成开沟播种、施肥、覆土、镇压等作业。这种播种方式对土壤搅动小，功率消耗少，适合多种土壤和作物，但目前此方式不适合在作物秸秆覆盖量大、根茬粗大以及土壤质地黏重和土壤过湿的环境中应用。垄作播种有两种方式，一种是垄上播种，即在垄台上破茬播种或整平垄台后播种（俗称耱种），秸秆残留物置于垄间，中耕时进行原垄起垄；另一种是垄间播种，即在原有垄之间的垄沟播种（俗称扣种），中耕时破旧垄起新垄。垄作播种适宜早春低温地区。

4. 杂草病虫害控制技术 保护性耕作农田的植保技术重点是杂草和病虫害防控。杂草的存在必然会侵占作物生长的空间、消耗地力、滋生病虫害，使作物生态环境变劣，影响其生长发育，制约其产量和品质。因此，控制杂草和病虫害是保护性耕作技术能否成功应用的重要环节。随着科学技术的发展，在保护性耕作条件下防控杂草和病虫害已经成为可能，这给保护性耕作技术的发展与应用带来了良好的发展空间。

（1）杂草分布 保护性耕作农田中的杂草种子在土壤中的分布和发生特点与传统耕翻农田不同，保护性耕作由于尽可能地不扰动或少扰动土壤，杂草种子大部分分布在土壤 5 厘米以内的浅表层中，向下呈递减分布，且萌发比较集中；传统耕翻农田中，杂草种子相对均匀分布在整个耕作层以内，萌发不集中。

（2）杂草控制　无论是保护性耕作农田，还是传统耕翻农田，所应用的杂草控制技术措施大体相同，在机理上也没有本质的区别。实践表明：在保护性耕作条件下，采用单一技术措施难以取得良好的效果，需要采取综合措施进行防控。

农业措施：包括轮作倒茬、种子提纯、密植栽培、水肥管理、良种选育等。

化学措施：主要是使用化学药剂进行除草。目前，化学除草剂的种类很多，不同作物需要选用不同的除草剂，使用方法有茎叶处理和土壤处理两种，处理时间以非生育期为主、生育期为辅的方式。

物理措施：包括机械、光、热等进行除草的技术措施，如：火焰、激光、微波发生器。目前，机械除草应用比较普遍，也容易实现，其他物理措施除草的成本较高，不具备推广应用的条件。

生物措施：包括昆虫除草、微生物除草、动物除草、种草抑草等。

人工措施：针对恶性杂草和大型杂草，需要人工辅助除草。

（3）病虫害防治　不论哪种耕作法农作物都会发生病虫害，不及时防治，就可能造成作物减产与品质变劣，从而使效益降低。农作物病害有三类：一是细菌性病害，二是真菌性病害，三是病毒性病害；虫害也有三类：一是为害种子、营养根或茎秆基部的地下害虫，二是啮食叶片或茎秆的害虫，三是啮食萌发中的种子、果穗、荚的害虫。

病虫害防治主要有农业措施（合理轮作、种子检疫）、物理措施（烧土、烘土、蒸土、晒土）、化学措施（种子包衣，药物浸种、拌种，药剂喷施）、生物措施（免疫培育，天敌控制）、人工措施（拔除病株）等。

总体上，免耕生产系统中病害并不比常规耕作管理下严重。免耕土壤条件下，植物易发生那些喜欢栖息在冷凉、潮湿和久不搅动条件下的病害；病害对免耕作物产量影响不是很严重。

5. 土壤改良技术 土壤是农业生产系统的基础。因此，在保护性耕作体系中，土壤改良是非常重要的。土壤改良不仅非常复杂，而且相当困难。有些土壤性状是可继承的，如土壤质地，通过耕作和栽培措施很难改变它们，但其他土壤性状则深受栽培耕作措施的影响，如土壤结构、土壤有机质、土壤水分等。土壤改良主要通过作物根系、蚯蚓、微生物和机械耕作等实现，随着时间的延续，耕层土壤的性状也随之发生变化。一般来说，免耕通常会改善这些性状，土壤的通透性将向有利于作物根系生长的方向发展，耕层土壤的块状结构逐渐被良好的团粒状结构代替，在土壤有机质逐渐积累和活跃的蚯蚓及作物根系的帮助下形成更厚且结构稳定的耕作层，使土壤性状将发生本质的改变。

（二）主要技术模式及配套机具

保护性耕作不仅仅是耕作技术的变革，同时带来农作物栽培制度、农田管理措施及传统农耕习惯与管理模式等一系列变化，必须针对各地区具体的自然条件、种植制度、经济水平，强化农机和农艺的结合，建立适应不同类型区、不同作物的保护性耕作技术模式、病虫草害防治方法、配套机具等方面的综合技术体系，解决当前示范推广中的机具、植保、水肥高效利用、技术模式等瓶颈问题，并加快技术的组装、集成、配套和示范，支撑保护性耕作技术的广泛应用。目前，农业部根据保护性耕作不同类型区的气候、土壤、种植制度特点及保护性耕作技术需求，提出了各类型区主体示范推广的保护性耕作技术模式及配套机具。

1. 东北平原垄作区

（1）区域特点 主要包括东北中东部的三江平原、松辽平原、辽河平原和大小兴安岭等区域，年降水量500～800毫米，气候属温带半湿润和半干旱气候类型，年平均气温−10.6～−5℃，气温低、无霜期短。东部地区以平原为主，土壤肥沃，以黑土、草甸土、暗棕壤为主；西部地形以漫岗丘陵为主，间有沙地、沼泽，土壤以栗钙土和草甸土为主。种植制度为一年一熟，主要作物为玉米、大豆、水稻，是我国重要的商品粮基地，机械化程度较高。

（2）技术需求 该区域面临的主要问题是，以雨养农业为主，季节干旱，尤其春季干旱仍是作物生长的重要威胁；土壤耕作以垄作为主体，但形式比较复杂，近年来耕层变浅、土壤肥力退化现象比较严重。主要技术需求包括：以传统垄作为基础有效解决土壤低温及作物安全成熟问题；蓄水保墒，有效应对春季干旱威胁问题；通过秸秆根茬覆盖及少免耕等措施，解决土壤肥力下降问题；通过地表覆盖，解决农田风蚀、水蚀问题。

（3）主要技术模式

①留高茬原垄浅旋灭茬播种技术模式。通过农田留高茬覆盖越冬，既有效减少冬春季节农田土壤侵蚀，又可以增加秸秆还田量，提高土壤有机质含量。其技术要点：玉米、大豆秋收后农田留30厘米左右的高茬越冬；翌年春播时浅旋灭茬，并尽量减少灭茬作业的动土量，采用旋耕施肥播种机进行原垄精量播种；保持垄形，苗期进行深松培垄、追肥及植保作业。

②留高茬原垄免耕错行播种技术模式。适用于宽垄种植模式，通过留高茬覆盖越冬减少农田土壤风蚀、水蚀，并提高农作物秸秆还田量。其技术要点：垄宽一般在70～100厘米，秋收后农田留30厘米左右的残茬越冬；翌年春播时在原垄顶错开前茬作物根茬进行免耕播种；保持垄形，苗期进行深松培垄、追肥及植保作业。

③留茬倒垄免耕播种技术模式。通过留茬覆盖越冬控制农田土壤风蚀，并增加农作物秸秆还田量。其技术要点：秋收后农田留20～30厘米的残茬越冬；翌年春播时，采用免耕施肥播种机，错开上一茬作物根茬，在垄沟内免耕少耕播种；苗期进行中耕培垄、追肥及植保作业，深松作业可结合中耕或收获后进行。

④水田少免耕技术模式。适用于重黏土、草炭土、低洼稻田，秋季免耕板茬越冬，春季轻耙或浅旋少耕整地，通过秸秆及根茬还田增加土壤有机质含量，并节约稻田灌溉用水。其技术要点：在灌水轻耙前撒施底肥或原茬不动旋耕施肥，沿整地苗带进行插秧；插秧后免耕轻耙；加强生育期管理，尤其重视免耕轻耙前期生育稍缓问题。

（4）配套机具 100马力左右拖拉机、破茬复垄施肥播种机、大型深松机、除草机、机载式植保机械等专用机具。

2. 东北西部干旱风沙区

（1）区域特点　主要包括东北三省西部和内蒙古东部四盟。区内地形以漫岗丘陵为主，间布沙地、沼泽，土壤以栗钙土和草甸土为主。年降水量300～500毫米，气候属温带半干旱气候类型，年平均气温3～10℃。种植制度为一年一熟，主要作物为玉米、大豆、杂粮和经济林果。

（2）技术需求　该区域土地资源丰富，面临的主要问题是受地形和干旱、大风气候影响，春季干旱严重，土地退化和荒漠化趋势加剧，生态脆弱。主要技术需求包括：通过留茬覆盖，提高地表覆盖度和粗糙度，解决冬春季节的农田风蚀问题；蓄水保墒，有效应对春季干旱威胁问题，提高作物出苗率；通过秸秆还田及耕作措施调节，提高土壤肥力状况。

（3）主要技术模式

①留茬覆盖免耕播种技术模式。通过留茬覆盖越冬控制农田土壤风蚀，并增加农作物秸秆还田量，提高土壤蓄水保墒能力。其技术要点：采用免耕施肥播种机进行茬地播种；苗期进行水肥管理及病虫草害防治；作物收获后，留高茬覆盖越冬，留茬高度20～30厘米左右。

②旱地免耕坐水种技术模式。应用免耕措施减少秋季和早春季节动土，有效控制冬春季节农田土

壤风蚀，并保障播前土壤水分良好，并通过人工增水播种，提高作物出苗率。其技术要点：采用免耕施肥坐水播种机进行破茬带水播种；苗期进行中耕追肥培垄及病虫草害防治；作物收获后，秸秆覆盖以留高茬形式为主，留茬高度30厘米左右。

（4）配套机具 80～100马力拖拉机、免耕施肥补水播种机、秸秆还田机、大型深松机、除草机、机载式植保机械等专用机具。

3. 西北黄土高原区

（1）区域特点 西起日月山，东至太行山，南靠秦岭，北至阴山，主要涉及陕西、山西、甘肃、宁夏、青海等省（自治区）。该区域海拔1 500～4 300米，地形破碎，丘陵起伏、沟壑纵横；土壤以黄绵土、黑垆土为主；年降水量300～650毫米，气候属暖温带干旱半干旱类型；种植制度主要为一年一熟，主要作物为小麦、玉米、杂粮。

（2）技术需求 该区域坡耕地比重大，是我国乃至世界上水土流失最严重、生态环境最脆弱的地区，降水少且季节集中，干旱是农业生产的严重威胁。本区域保护性耕作的主要技术需求包括：以增加土壤含水率和提高土壤肥力为主要目标的秸秆还田与少免耕技术；以控制水土流失为主要目标的坡耕地沟垄蓄水保土耕作技术、坡耕地等高耕种技术；以增强农田稳产性能为主要目标的农田覆盖抑蒸抗蚀耕作技术。

（3）主要技术模式

①坡耕地沟垄蓄水保土耕作技术模式。主要针对在黄土旱塬区坡耕地的水土流失问题，采用沟垄耕作法及沟播模式，提高土壤透水贮水能力，拦蓄坡耕地的地表径流，促进降水就地入渗，减轻农田土壤冲刷和养分流失。其技术要点：沿坡地等高线相间开沟筑垄，采用免耕沟播机贴墒播种；加强苗期水肥管理，控制病虫害；作物收获后秸秆还田，并进行深松。

②坡耕地留茬等高耕种技术模式。主要适用于黄土丘陵沟壑区坡耕地，通过等高耕作法（横坡耕作）减轻与防止坡耕地水土流失和沙尘暴危害，控制坡耕地地表径流，强化土壤水库集蓄功能。其技术要点：采用小型免耕沟播机沿等高线播种，苗期追肥和植保；收获后留茬免耕越冬，留茬高度 15 厘米以上。

③农田覆盖抑蒸抗蚀耕作技术模式。应用秸秆覆盖、地膜覆盖、沙石覆盖等形式，主要作物在生长期、休闲期与全程覆盖等不同覆盖时期，促进雨水聚集和就地入渗、增加农田地表覆盖、抑制土壤水分蒸发、减轻农田水蚀与风蚀。其技术要点：因地制宜选择适合的覆盖材料和覆盖数量；免耕施肥播种或浅松播种，保证播种质量；进行杂草及病虫

害防治。

（4）配套机具　60～70 马力拖拉机、免耕施肥沟播机、秸秆还田机、大型深松机、除草机、机载式植保机械等专用机具。

4. 西北绿洲农业区

（1）区域特点　主要包括新疆和甘肃河西走廊、宁夏平原。地势平坦，土壤以灰钙土、灌淤土和盐土为主。海拔 700～1 100 米，气候干燥，年降水量 50～250 毫米，属中温干旱、半干旱气候区。光热资源和土地资源丰富，但没有灌溉就没有农业，新疆、河西走廊地区依靠周围有雪山及冰雪融溶的大量雪水资源补给，而宁夏灌区则可引黄灌溉。种植制度以一年一熟为主，是我国重要的粮、棉、油、糖、瓜果商品生产基地。

（2）技术需求　该区域主要问题是灌溉水消耗量大，地下水资源短缺，并容易造成土壤次生盐渍化；干旱、沙尘暴等灾害频繁，土地荒漠化趋重，制约农业生产的可持续发展。主要技术需求包括：以维持和改善农业生态环境为主要目标，通过秸秆等地表覆盖及免耕、少耕技术应用，有效降低土壤蒸发强度，节约灌溉用水，增加植被和土壤覆盖度，控制农田水蚀和荒漠化。

（3）主要技术模式

①留茬覆盖少免耕技术模式。利用作物秸秆及

残茬进行覆盖还田，采用免耕施肥播种或旋耕施肥播种，有效减少频繁耕作对土壤结构造成的破坏，控制土壤蒸发，增加土壤蓄水性能，并减轻农田土壤侵蚀。其技术要点：前茬作物收获时免耕留茬覆盖或秸秆粉碎还田，土壤封冻前灌水，休闲覆盖越冬；次年春季根据地表茬地情况进行免耕播种或带状旋耕播种，一次完成播种、施肥和镇压等作业；生育期根据需要进行病虫草害防治和灌溉。

②沟垄覆盖免耕种植技术模式。利用作物残茬等覆盖，采用沟垄种植并结合沟灌技术，应用免耕施肥播种，有效减少耕作次数和动土量，在控制土壤蒸发的同时减少灌溉水用量，并控制农田土壤侵蚀。其技术要点：冬季灌水；春季采用垄沟免耕播种机或采用垄作免耕播种机在垄上免耕施肥播种；苗期进行追肥、病虫害防治，采用沟灌方式灌溉。

(4) 配套机具 70～80 马力拖拉机、免耕施肥沟播机、秸秆还田机、大型深松机、除草机、机载式植保机械等专用机。

5. 华北长城沿线区

(1) 区域特点 属风沙半干旱区的农牧交错带，主要包括河北坝上、内蒙古中部和山西雁北等地区。每年春季在强劲的西北风侵蚀下，少有植被的旱作农田，土壤起沙扬尘而成为危害华北生态环境的重要沙尘源地。本区地势较高，海拔 700～2 000 米，天然草场和土地资源丰富；土壤以栗钙土、灰褐土为主；气候冷凉，干旱多风，年降水量 250～450 毫米。种植制度一年一熟，主要作物为小麦、玉米和大豆、谷子等。

（2）技术需求　该区域主要问题是冬春连旱，风沙大，土壤沙化和风蚀问题严重，生态环境非常脆弱，造成农田生产力低而不稳。主要技术需求包括：增加地表粗糙度，减少裸露，减降风蚀、水蚀，抑制起沙扬尘，遏制农田草地严重退化、沙化趋势；覆盖免耕栽培，减降农田水分蒸发，蓄水保墒、培肥地力、提高水分利用效率等。

（3）主要技术模式

①留茬秸秆覆盖免耕技术模式。利用作物秸秆及残茬进行冬季还田覆盖，有效控制水土流失和增加土壤有机质，采用免耕施肥播种减少动土并保障春播时土壤墒情。其技术要点：秋收后留茬秸秆覆盖，播前化学除草，免耕施肥播种；生育期进行病虫害防治、机械中耕及人工除草。

②带状种植与带状留茬覆盖技术模式。主要适用于马铃薯种植区，重点针对马铃薯种植动土多、农田裸露面积大及风蚀沙尘严重问题，通过马铃薯与其他作物条带间隔种植技术与带状留茬覆盖技术减少土壤侵蚀。其技术要点：马铃薯按照常规种植

方式,其他作物采用免耕施肥播种机在秸秆或根茬覆盖地免耕播种;苗期管理中重点采用人工、机械及化学措施进行草害防控;作物收获后,留高茬免耕越冬,留茬高度 20 厘米以上。

(4)配套机具　70~80 马力拖拉机、免耕施肥沟播机、秸秆还田机、大型深松机、除草机、机载式植保机械等专用机具。

6. 黄淮海两茬平作区

(1)区域特点　主要包括淮河以北、燕山山脉以南的华北平原及陕西关中平原,涉及北京、天津、河北中南部、山东、河南、江苏北部、安徽北部及陕西关中平原等。本区气候属温带—暖温带半湿润偏旱区和半湿润区,年降水量 450~700 毫米,灌溉条件相对较好。农业土壤类型多样,大部分土壤比较肥沃,水、气、光、热条件与农事需求基本同步,可满足两年三熟或一年两熟种植制度的要求,主要作物为小麦、玉米、花生和棉花等,是我国粮食主产区。

(2)技术需求　该区域主要问题是,小麦—玉米两熟制的秸秆量大,秸秆利用难度大,秸秆焚烧现象严重;化肥、灌溉、农药及机械作业投入多,造成生产成本持续加大;用地强度大,农田地力维持困难;灌溉用水多,水资源短缺,地下水超采严重。主要技术需求包括:农机农艺技术结合，有效解决小麦、玉米秸秆机械化全量还田的作物出苗及高产稳产问题；改善土壤结构，提高土壤肥力，提高农田水分利用效率，节约灌溉用水；利用机械化免耕技术，实现省工、省力、省时和节约费用等。

（3）主要技术模式

①小麦—玉米秸秆还田免耕直播技术模式。将小麦机械化收获粉碎还田技术、玉米免耕机械直播技术、玉米秸秆机械化粉碎还田技术，以及适时播种技术、节水灌溉技术、简化高效施肥技术等集成，实现简化作业、减少能耗、降低生产成本，以及培肥地力、节约灌溉用水目的。其技术要点包括：采用联合收割机收获小麦，并配以秸秆粉碎及抛撒装置，实现小麦秸秆的全量还田；玉米秸秆粉碎机将立秆玉米秸粉碎1～2遍，使玉米秸秆粉碎翻压还田；小麦、玉米实行免耕施肥播种技术，播种机要有良好的通过性、可靠性、避免被秸秆杂草堵塞，影响播种质量；进行病虫草害防治，化学除草、机械锄草、人工锄草相结合的综合措施治理杂草。

②小麦—玉米秸秆还田少耕技术模式。该模式同样以应用小麦机械化收获粉碎还田技术、玉米秸秆机械化粉碎还田技术为主，但在玉米秸秆处理及播种小麦时，采用旋耕播种方式，实现简化作业、降低生产成本及秸秆全量还田培肥地力、节约灌溉

用水。其技术要点包括：采用联合收割机收获小麦，并配以秸秆粉碎及抛洒装置，实现小麦秸秆的全量还田，免耕播种玉米，机械、化学除草；秋季玉米收获后，秸秆粉碎旋耕翻压还田并播种小麦；进行病虫草害防治和合理灌溉。

（4）配套机具　70～80马力拖拉机、免耕施肥沟播机、秸秆还田机、大型深松机、除草机、机载式植保机械等专用机具。

（三）技术应用注意事项

①作物收获后留根茬及秸秆还田覆盖。以根茬固土，秸秆覆盖减少风蚀和土壤水分的蒸发，是保护性耕作的核心。因此，在推广应用过程中，各种作物生产的机械化作业工艺、规范的制订，必须以留根茬及秸秆还田覆盖为基础。

②减少对土壤耕翻作业。利用适用的免耕播种机在留根茬和秸秆覆盖的农田进行免耕播种，是实现保护性耕作核心技术的关键手段。因此，选择先进适用的免耕播种机具是保护性技术示范推广的最重要一环。为尽可能减少机械作业，播种时尽可能采用复式播种作业机具。

③控制杂草及病虫害。生产作业工艺要根据当地病虫草害发生的时节等情况，播种前种子药剂拌种处理、出苗期喷洒除草剂、出苗后期机械或人工

锄草等综合考虑。

④在保证播种质量的前提下，要尽可能减少机械作业。要根据秸秆覆盖量和表土状况确定是否采用辅助作业措施（耙地、浅松）进行表土处理。

⑤必须进行表土浅旋作业时，一般在播种作业前进行，以防止过早作业引起大的失墒和风蚀。

二、秸秆综合利用技术

（一）秸秆直接还田技术

1. 技术内容

（1）秸秆粉碎还田技术　采用秸秆粉碎机械将收获后的玉米、小麦、水稻等农作物秸秆就地粉碎并均匀抛撒在地表后，用免耕播种机将下茬作物的种子（如夏玉米等）直接进行播种，或用犁耕翻掩埋后进行播种，秸秆混杂在土壤里腐解为有机质。北方一年一季或一年两季地区均可适用，应用范围最广、面积最大。

（2）整秆还田技术　适用于实行宽窄行种植玉米的单季旱作地区。主要是针对玉米秸秆而言，是将摘穗后的玉米秸秆不经粉碎采用高柱犁直接耕翻埋入土中或采用编压覆盖机将秸秆编压覆盖在地表，从而达到还田目的的一项技术。该技术具有抗旱保墒、减少作业环节等特点。实施整秆覆盖还田技术的地块，要求实行宽窄行种植，一般窄行行距为40～50厘米，宽行行距为65～80厘米，为覆盖作业提供条件，即窄行覆盖，来年在宽行露地进行窄行距播种。一般覆盖2～3年后要进行一次深耕。

（3）根茬还田技术 该技术适用于玉米根茬粗壮，人工刨除费工、费时同时实施轮翻耕作的东北垄作区在不耕翻的年份采用。是在粮食和秸秆收获后，采用根茬粉碎还田机将残留在地里的玉米、高粱等作物根茬进行直接粉碎还田的一项技术。根茬还田作业是推行耕地轮翻制的补充和完善，要根据现行的土地轮翻制，建立"1－1"或"1－2"土地轮翻制，即秋翻地与根茬还田一年一轮换或秋翻一年、根茬还田两年，循环往复。这样既发挥了深耕后效，又充分发挥了根茬还田的优势。随着农村经济的发展和农机化水平的提高，该技术在东北地区有了进一步的发展，出现了以大、中型拖拉机配套的联合整地机作业，这种机具一次进地可完成深松、灭茬、旋耕、起垄等一整套作业，减少拖拉机进地次数，降低油耗。充分发挥了大功率拖拉机的效能，效率高、成本低、作业质量好。但若连年采用旋耕碎茬起垄作业，由于耕层浅（17厘米左右），容易造成土壤板结，不利于作物根系生长。需每隔2～3年深松一次，既可以有效打破犁底层，又可以充分体现联合整地机作业所特有的优点，该种作业模式具有广泛的发展前景。

（4）水田秸秆还田技术 适用于南方水田，将机械收获脱粒后的麦草或稻草抛撒回田间，并在灌水软化土壤和施肥后用埋草驱动耙、旋耕埋草机或水田圆盘犁、反转旋耕灭茬机等水田埋草整地机械将秸秆埋压还田，使其达到下季水稻栽植的耕整要求。

2. 主要机具及要求

（1）玉米秸秆粉碎还田所需主要作业机具 玉米联合收获机、秸秆粉碎还田机。

（2）小麦秸秆粉碎还田所需主要机具 有稻麦联合收割机、小麦割晒机、秸秆粉碎机。

（3）根茬粉碎还田所需主要机具 根茬粉碎还田机和联合整地机及配套动力。一般40马力的拖拉机可配两行的联合整地机，而20马力以下的则不能配备起垄装置，50～60马力的拖拉机可配置180型联合整地机，80马力以上的可配置210型联合整地机。小型灭茬机日作业量（8小时）30亩，联合整地机日作业量60～100亩。

（4）玉米整秆翻埋还田机械选择 高产大地块应选择履带式拖拉机配套的重型四铧犁或高柱五铧犁，亩产量在400千克以下时可选择轮式拖拉机配套的高柱三铧犁；玉米整秆覆盖编压还田时，选择与小四轮拖拉机配套的秸秆编压覆盖机。

（5）水田秸秆还田所需机具 主要有水田旋耕埋草机、水田埋草驱动耙、水田驱动耙、水田驱动圆盘犁以及反转灭茬旋耕机及配套动力。

机具选用要注意结合本地需求和推广的主要生产机械化技术要求相结合，如保护性耕作、精量播种、联合收获等技术的配套应用。

3. 主要注意事项

（1）粉碎还田技术

①玉米摘穗后趁秸秆青绿及时用秸秆粉碎机粉碎（最适宜含水量 30％以上），粉碎后秸秆长度不大于 10 厘米，茬高不大于 5 厘米。

②联合收割机收获小麦后，麦茬高度不大于 25 厘米，麦秸粉碎长度不大于 15 厘米。

③秸秆粉碎后翻埋前应进行补氮，将秸秆碳氮比由 80∶1 补到 25∶1。一般除应正常施底肥外，每亩应增施碳铵 12 千克。

④深耕翻埋时，耕深不小于 30 厘米，耕后耙透、镇实、整平（尽量采用复式作业，将耕翻、镇压、整平一次完成），通过耙压，消除因秸秆造成的土壤架空，为播种创造条件。

⑤实施保护性耕作地区按其免少耕和深松的技术要求进行。免耕播种时，应选用带圆盘开沟器的播种机，播种后应及时喷施除草剂。

（2）整秆翻埋技术

①秸秆整秆还田要趁绿早还。翻埋前，为加速秸秆腐烂熟化，应补施一定量的化肥，可按每亩4.5千克纯氮和1.5千克纯磷化肥增施。

②必须进行顺行耕翻或覆盖，整秆翻埋时，耕深达25～28厘米，保证整秆应翻埋入地表16厘米以下，翻埋后要及时进行适度镇压，有浇灌条件的地块，要冬浇一次，来年春季用旋耕机或缺口耙整地，要求采用有滑刀式或圆盘式开沟器的机引施肥播种机进行播种作业。

③覆盖时，秸秆就地按行编压覆盖，要调整好秸秆覆盖机定位压辊，使其压到秸秆根部，使压倒的秸秆能与土壤充分接触。

（3）根茬粉碎技术

①应选择秋季玉米刚收获后作业，此时玉米根茬呈绿色，含糖分、水分较多，且容易粉碎，还田效果最好。深松应在联合整地作业前进行，以防止因深松造成地表不平影响下年播种。

②小型根茬还田机作业深度应在8～10厘米范围内，即以粉碎至玉米根茬的"五权股"为宜，大型根茬还田机作业深度应在12～15厘米范围内。漏切率不大于3%，粉碎后的长度应在5厘米以下。

③根茬粉碎还田后应保持原垄形，起垄高度15～18厘米。

（4）水田秸秆还田技术操作

①旱地应先灌水泡田 12 小时，待土壤松软后再作业。

②田面水深为 3～5 厘米为宜，过浅达不到理想的埋草和整地质量，过深则影响埋草和覆盖效果。

③机具作业速度应根据土壤条件和秸秆还田量合理选定。一般作业两遍，第一遍宜慢速，耕深略浅；第二遍速度稍快，达到规定的耕深。两遍作业方向应交叉进行。

④适宜作业的水田泥脚深度以 10～20 厘米为宜。

⑤秸秆还田数量以每亩 300 千克左右为宜，一般情况下，秸秆较细、易分解的可全部还田，秸秆量大不易分解的（如大麦秸秆），可按 50％～60％还田。

⑥水田秸秆还田时，应将鲜秸秆与厩肥按 1∶1比例施用，使其在养分释放时形成互补，增产效果更加显著。同时，施入氮肥总量的 80％和全部磷肥用作底肥，以平衡养分，调节碳氮比，加速秸秆腐烂分解速度，提高肥效与还田效果。

⑦为防止埋覆水田的秸秆分解产生有害气体，发生烧根苗现象，水稻秧苗栽插后水深不宜超过 10厘米，秧苗返青后即可采用湿润灌溉法进行浅水勤灌，使前水不见后水，促进土壤气体交换与有害气

体的释放。

（二）秸秆饲料加工技术

1. 技术内容

（1）青贮加工技术　将收获后的青玉米秸秆，用机械粉碎后随即装入池中或用灌装机装压入青贮袋中，边装料边压实，并洒入一定量的水和掺入少量尿素。袋式灌装装满后可直接封袋；窖贮在装满池后（应超出池口60厘米），用塑料布盖严，上面再压30厘米厚的土。在嫌气条件下，窖贮经过30天，袋贮经过40天左右的发酵过程，即成为青贮饲料，可取出喂养牲畜。随取随用，取后随即继续封闭。

（2）微贮加工技术　微贮技术实际上是青贮技术的发展。将不宜青贮的干黄农作物秸秆经机械加工和微生物菌剂发酵处理成为优良饲料，并将其贮存在一定设施内的技术称秸秆微生物发酵贮存技术，简称微贮技术（下同）。微贮方法有水泥窖微贮、土窖微贮、塑料袋窖内微贮、压捆窖内微贮等。

①水泥窖微贮。窖壁、窖底采用水泥砌筑，秸秆铡切后入窖，分层喷洒菌液，分层压实，窖口用塑料薄膜盖好，然后覆土密封。这种方法的优点是经久耐用，密封性好，适合大中型和每年都连续的窖贮。

②土窖微贮。在窖的底部和四周铺上塑料薄膜，秸秆铡切入窖，喷洒菌液压实，窖口盖膜覆土密封。这种方法的优点是成本较低，简便易行，适于较小量的窖贮。

③塑料袋窖内微贮。根据塑料袋的大小先挖一个圆形的窖，然后把塑料袋放入窖内，再放入秸秆分层喷洒菌液压实，将塑料袋口扎紧，覆土密封。这种方法适合处理 100～200 千克的秸秆。

④压捆窖内微贮：秸秆经压捆机打成方捆，喷洒菌液后入窖，填充缝隙，封窖发酵，出窖时揉碎饲喂。这种方法的好处是开窖取料方便。

（3）揉搓粉碎加工技术　采用揉搓加工机械对秸秆（主要是玉米、豆类秸秆）进行精细加工，使之成柔软的丝状散碎饲料，质地松软，可提高牲畜的适口性、采食率和消化率。经过揉搓加工的秸秆经短时间的自然晾晒干燥，即可用打捆机进行打捆，便于储运和后期深加工。因此，可以说秸秆揉搓加工是秸秆综合利用的基础技术。除玉米秸秆挤丝机外，多数揉搓机械为锤片式结构，秸秆由喂入口进入揉碎室内，经高速旋转的齿型锤片强力打击和齿板的撞击，撕裂揉搓，在抛掷叶轮造成的强大负压下，迅速进入抛掷室由抛掷轮抛出机体，成为柔软的丝状物。挤丝机则是先将玉米秸秆压扁、脱水、纵切成细丝，破坏玉米秆不利于水分蒸发的外皮结构，然后再进行揉搓粉碎。

揉搓加工技术适于秸秆产量大，可为外地提供大量备用秸秆原料的地区采用，秸秆揉搓机和挤丝机生产率为 0.5～4 吨/小时。

2. 主要机具及要求

（1）青贮主要机具及技术要求

①青贮机具。青饲收获机（收获、粉碎）、拉运拖车（运送到袋贮灌装现场）、喂料平台（上料）、灌装机（灌装压实）。要求粉碎效果好，粉碎长度1～3厘米，揉搓后的秸秆应成丝状，长度一般小于5厘米。

②技术要求。袋式灌装应选用青贮专用的塑料拉伸膜袋，一般最小直径为 2.1 米，长度在 30 米以上。要求具有抗拉伸、遮光、阻气功能。袋贮场地应选较为平坦的场地。

窖贮要求：应选择土质坚硬、地势较高、地下水位较低、距饲养房较近且离粪坑、活水坑较远的地方建青贮饲料池。根据饲养牲畜多少和青贮饲料量确定池的大小。一般有长方体和圆柱体两种。可以是地下式、半地下式或全地上式。要求池壁砌砖，水泥造底。每立方米容积，可装青贮料 500～600 千克。如果建圆柱体青贮池，直径与深度比一般为1：1.5 左右，上大下小；如果建长方体青贮池，长、宽、高比为 4：3：2。建大池时可多增加长度，少增加宽和高；池壁上宽下窄，有一定倾斜度，四角成圆弧形。池底要有一定坡度，内壁、底要光滑，不透气，不漏水。

装池（袋）时，青贮秸秆含水量以 65%～75%（手握不流水为宜），每吨青料加尿素 4～5 千克，掺拌均匀，温度低于 40℃。装料速度要快，尽力压实，封口要严密。装料与封口时间越短越好。

发酵期间，温度控制在 30℃左右，pH 应逐步降低至 4。

（2）微贮主要机具及技术要求

①微贮机具。秸秆铡切、揉碎可采用高效铡草机、秸秆揉搓机或秸秆粉碎机及配套动力，使用中应注意用电安全和机具操作人员的防护安全。

②技术要求：

用于微贮的秸秆一定要铡切或揉碎，饲羊用需铡到 3～5 厘米，饲牛可铡到 5～8 厘米。这样易于压实和提高微贮窖的利用率，保证微贮饲料制作质量。

配制菌液前，应根据当天能处理秸秆的数量（原料重），按比例准备好所需的活干菌，倒入200～500 毫升的饮用水中充分溶解（有条件的地方可对入少许的牛奶或砂糖，以提高菌种的复活率，保证微贮饲料的质量），然后在常温下放置 1～2 小时，使菌种复活。

复活后的菌剂可根据当时处理秸秆的数量和秸

秆需要补充水分的多少，按比例对入充分溶解的、浓度为 0.8%～1% 的食盐水中拌匀，用于喷洒（注意：一定使食盐完全溶解后，才能对入菌剂）。

入窖时先在窖底铺放 20～30 厘米厚的秸秆，均匀喷洒菌液水，压实后再铺放 20～30 厘米厚秸秆，再喷洒菌液压实，直到高于窖口 40 厘米，再封口。分层压实的目的，是为了排出秸秆中和空隙里的空气，给发酵菌繁殖创造厌氧条件。如果当天窖内末装满，可盖上塑料薄膜，第二天揭开继续工作。

在微贮稻麦秸秆时，可加入 0.5% 的大麦粉或玉米粉、麸皮之类谷粉物，以便在发酵初期为菌种的繁殖提供一定的营养物质，以提高微贮饲料的质量。加谷粉时，可铺一层秸秆，撒一些谷粉，与每层的喷洒、压实同步进行。

封窖。当秸秆分层压实到高出窖口 30～40 厘米时，再充分压实，同时补喷一些菌液水，反复压实后在表面均匀地撒上些盐粉，以 250 克/米^2 为宜，其目的是确保微贮饲料上部不发生霉烂变质。然后盖上塑料薄膜，再在上面铺上 20～30 厘米厚的稻、麦草，最后覆土 15～20 厘米密封，窖边要挖好排水沟，以防雨水渗漏。密封的目的是为了隔绝空气与秸秆接触，覆土还有压实的作用。

3. 主要注意事项　青贮一般选用夏播中晚熟玉米品种。在果穗成熟，大部分秸秆茎叶青绿时收割。

应随收割，随运输，随粉碎，随即装池（袋），以保持玉米秸秆的青绿色和水分、养分不受损失。

青贮饲料的品质鉴定：看颜色，青贮饲料以接近原来的颜色为好，如青绿色、黄色或浅褐色，如为深褐色或黑色，则品质不好；嗅气味，青贮饲料有酸香味或稍有酒香味品质为佳，如有腐臭味、发霉味则品质为劣，不能使用；手摸青贮饲料有松散感为品质好，如发黏、结块则品质不好。

微贮饲料质量的观感评定：看——优质微贮青玉米秸秆饲料的色泽呈橄榄绿色，稻麦秸秆呈金黄色。如果变成褐色或墨绿色则质量较差。嗅——优质秸秆微贮饲料具有醇香和果香气味，并具有弱酸味。若有强酸味，表明醇酸过多，这是由于水分过多和高温发酵所造成的；若有腐臭味、发霉味，则不能饲喂。手感——优质微贮饲料拿到手里感到很松散，且质地柔软湿润。若发黏或结块，说明贮料变质。有的虽然松散，但干燥粗硬，也属不良饲料。

微贮窖建造要求同青贮窖，最好砌成永久性的水泥窖。其宽度要保证拖拉机往复行走压实的重叠度。大中型窖应有拖拉机入窖的坡道。

挤丝揉搓加工场地应平整，地面应用砖块铺设或用水泥打平，加工机械单机作业场地应不小于 40 米^2，与打捆机共同作业场地应不小于 60 米^2，加工场地应有三相动力电源，电缆标号符合用电要求，电源闸刀置于操作人员方便之处，且有安全防护装置，挤丝揉搓加工机械出口应避开打捆机操作人员工作位置，以免造成人员伤亡。场地应有水源和防火设施，应有堆放成品饲草的库棚或平整的堆放场所（加工结束后用棚布遮盖），场地内运输工具齐备。

（三）秸秆收储运技术

农作物秸秆直接燃烧供热发电的利用方式，是一条将秸秆转化为生物质能源可行的工艺技术路线。但在一年两作区，三夏三秋时节要抢收抢种，需要在短时间内把秸秆从分散的农户田地中收集起来，进行晾晒、打捆、运输、收储，收获期短，收购量大，紧张的农时要求给秸秆收储运造成困难。

1. 技术内容 技术作业流程：

（1）田间机械捡拾打捆作业—短途运输至秸秆经纪人收储场或临时堆放地晾晒—二次高密度打捆（大捆）—运输到电厂自建收储站—燃烧发电后灰渣肥还田。

（2）采用人工收集秸秆—散装短途运输到秸秆经纪人收储场晾晒—高密度打捆（大捆）—运输到电厂自建收储站—燃烧发电后灰渣肥还田。

2. 主要机具及要求 移动式小型方捆打捆机的配套动力需在 50 马力以上，坚持每班保养，以减少故障，作业中应根据秸秆量的大小调整前进速度，地块要尽可能平整、无埂；进口机具价格偏高，国产固定式大型打捆机则质量不够稳定，使用中应根据实际能力选用和加强调整保养；运输机械需按测算需求配足数量。

3. 主要注意事项

①秸秆经纪人是小麦秸秆收储运模式运行中的重要中间环节，示范带动作用明显，要设计合理的收购半径，合理布局。

②要在收获季节到来之前，利用相关补贴政策，帮助经纪人购买和配置移动式秸秆打捆机、运输机械等机具装备。

③收集的秸秆要经过晾晒，使其含水量降到25％以下。

④在运达发电厂时，经纪人或交货人要按发电厂的相关要求，将秸秆打包成规定尺寸的秸秆草捆，以便发电厂的规范储存和标准上料。

⑤秸秆发电燃烧后的副产物以锅炉飞灰、灰渣和炉底灰的形式被收集，这种灰含有丰富的营养成分如钾、镁、磷和钙，可用做高效肥料。

三、高效植保机械化技术

施药机械被广泛地用于各种农作物病虫草害的

药剂防治及作物生长调节剂、保鲜剂、叶面肥等诸多与农产品品质及生态环境有关的喷洒工作。目前，我国植保科技人员以提高农药在作物靶标上的附着率、减少农药在地面的沉降和在非处理区飘移的精准、高效施药技术为研究目标，研制出一批新型、高效、低污染的植保机械技术及机具，如：轴向进风，径向出风，呈辐射状喷雾，集对靶喷雾技术、静电喷雾技术于一体的果园自动对靶喷雾机；适合大田中高作物中后期防治的自走式高地隙喷杆式喷雾机；在小型机具上实现可控雾滴技术和低量喷雾技术的手动吹雾器；轴向进风，轴向出风，风筒呈炮筒状，主要用于大田、水田等远程喷雾或行道树、人工林等射高喷雾的炮塔式离心雾化风送远射程喷雾机。

（一）新型背负式手动喷雾器

适用于粮食、棉花、蔬菜、果树、保护地等病虫草害的防治，还可喷施叶面肥、生长激素等，并能用于宾馆、体育场馆、影剧院等公共场所及畜禽圈舍的卫生杀虫、消毒和清洁环境。功能多、效果好。

①将大流量活塞泵与空气室合二为一内置于药液箱中，在其下部设置安全限压阀，通过更换不同的安全阀芯，达到实现不同工作压力的目的。在国内首创背负式手动喷雾器压力泵上设置安全限压

阀，从结构上解决了国内背负式手动喷雾器空气室外置造成的安全性、可靠性无保证、压力不可调的问题。

②具有单喷头、T 形双喷头组合、四喷头组合以及扇形雾、圆锥雾、可调雾喷头等多种喷射部件，能提供具有针对性的喷洒方式，能实现常量喷雾、细喷雾和微量喷雾，建立多种防治对象的经济、有效的粒谱体系，提高了机具的作业质量，减少了农药的飘移和流失。为解决国内手动喷雾器喷洒部件单一带来的喷洒技术落后、作业效率低下等问题，提供了先进、实用的新型喷洒部件。

③新型的揿压式开关，用单手即能实现点喷或连续喷洒作业，操作轻便，节省农药，能有效地减少农药对土壤及地下水的污染。

④药箱盖上设置防溢阀，使用时药液箱内形成真空，能自动接通大气使喷雾流畅。良好的密封性能还可满足药液箱倒置时不漏药液，有效地防止了工作时药液渗漏、外溢毒害人体的现象。

⑤药液箱背面模仿人体背部曲线造型，背负舒适，外形美观。药液箱上还设有减少残留液量、喷杆存放以及实现手柄左右互换操作等装置。

（二）新型背负式机动喷雾喷粉机

①配备 2.6 马力小型动力，射程 8 米，可进行

低量、超低量喷雾、喷粉、喷颗粒及喷超低量油雾等多种施药作业。

②喷雾、喷粉采用两挡转速快换，可节能省油和降低噪声。具有快速装卸、可转喷管及整机质量轻等特点。

③配置了多种喷洒部件，以适应我国各地域多种作物的病虫害防治需要，特别是由于该机配置了喷粉功能，还适用于西北干旱缺水地区的病虫害防治作业和治蝗作业。

(三) 高效宽幅远射程机动喷雾机系列

高效宽幅远射程机动喷雾机系列是用于水稻田病虫害防治的新型机具，有便携式、担架式和车载式3种机型。该系列机具采用均匀雾喷洒技术，将药液雾化成一定尺寸的均匀雾滴，形成所需高压宽幅均匀雾流，使雾滴具有适当的穿透能力并较多的沉积在作物上，对水稻中、下部有良好的防效，能达到快速、大面积、高效防治效果，与传统机型相比具有显著优势。

①系列机具采用高压喷雾，增加雾滴穿透性，有利于提高水稻中下部的防治效果。

②采用宽幅远射程均匀喷雾，解决了水田防治作业中重喷与漏喷问题，可提高农药利用率。

③采用不下田的作业方式，作业效率高，劳动

强度低，施药安全，同时也解决了高秆作物机具下田无法作业的问题。

（四）炮塔式离心雾化风送远射程喷雾机

本机型采用可控雾滴施药技术、风送低量喷雾技术、定向喷雾技术等施药新技术，提高了风能的利用率和雾滴的穿透率、附着率。

①以离心雾化风送远射程喷雾为主，换置相应的喷洒部件，形成不同的雾化方式，满足不同作物的防治要求，适用范围广，使用效率高。

②雾滴分布均匀，节省农药，防治效果好。

③喷雾装置可作水平360°、垂直120°任意调节。

④结构紧凑、操作简便、安全可靠。

该机型主要用于绿化林带、果园、高秆作物病虫害防治和蝗灾控制，亦可用于水稻、小麦、棉花、蔬菜等病虫害防治或大田化学除草。

（五）自走式高地隙喷杆式喷雾机

自走式高地隙喷杆喷雾机是一种采用高地隙底盘驱动的新型喷杆喷雾机，适用于我国北方旱作地区大田中耕作物玉米的中期及棉花、大豆的中后期病虫害防治或喷洒叶面肥及棉花的脱叶剂等。配置流量为200升/分钟的四缸活塞隔膜泵和扇形雾防滴喷头，药箱容量2 000升，喷幅达24米，配套动力

75 千瓦，是我国目前地面喷药的最大机型。

①机具离地间隙高，作业时在中耕作物上的通过性好。

②采用自走式结构，使用操作方便，机动性好。

③用风幕式防飘移技术装备，雾滴穿透能力强，作物植株内部沉积效果好，有效减少了细小雾滴的漂移。

④根据实际作业速度的变化，变量喷雾系统可自动调节喷雾机的喷雾量，使单位面积实际施药量符合设定值要求，保证防治效果。

⑤喷杆桁架设有自动平衡机构，作业时能保持左右喷杆桁架自动平衡。

⑥药液箱、喷头等主要工作部件采用优质工程塑料制造，耐腐蚀能力强，使用寿命长。

四、农机具节油降耗技术

农机节油技术就是运用现代工业技术、科学的使用方法和先进的管理措施，使农机设备在运用过程中达到最佳节油降耗状态的技术。

农机节油技术贯穿于农机设备使用的各个领域和整个使用过程，通过正确的使用操作可以提高机械效率，减少油料消耗，降低作业成本。节油降耗技术包括以下几个方面：

（一）推广复式作业机械

我国原有的各类农田作业机具，许多是单一功能的机型，一种机具只能承担一项作业，例如：旋耕机只能旋耕，播种机只能播种，每进地一次就消耗一份油料，耕、耙、播、收、脱各种作业项目要多次完成，重复进地造成严重浪费。近几年来，我国农机科研单位和生产企业已开发出一批新式的复式联合作业机具，尤其是在作业工艺复杂的种植机械方面，开发了旋耕施肥播种机、覆膜播种机、免耕播种机等大批复式联合作业机具。以旋耕播种机为例，可以一次完成破茬、耕整地、施肥、播种、覆土、镇压等作业，避免了多次进地作业重复消耗油料，与常规的耕整地、施肥、播种相比，可节油和节省劳力 30％以上。如目前保护性耕作使用的免耕播种作业机械，一般可以一次完成深松、旋耕和播种三项作业，有的还可以完成破茬作业，将多道作业工序合并。目前，我国具有两种以上作业功能的国产机型所占的比例已超过 1/3，广大农民在购买农机时应尽量购买多种功能集于一身的复式作业机械。

（二）采用大型作业机械合理配套动力结构

农用动力机械有大、中、小之分，配套农具有轻型、中型、重型之别。一台拖拉机可配不同农具进行不同作业，不同农具进行不同作业所需的牵引动力也是不一样的。一般要求拖拉机在接近满负荷状态下工作，才能充分发挥其动力性和经济性。为了充分利用拖拉机和其他动力机械所发出的功率，使其在满负荷状态下工作，就要合理选择配套农具。在条件允许的情况下，一台拖拉机可带多组农具作业，如使用挂接架使多台圆盘耙挂接排列成一组作业机械，增加作业幅宽，提高作业效率；也可带不同农具进行复式作业，如使用铧式犁耕地时，如果动力允许可以配套合墒器，减少耙地工序。合理选择配套农机具，最大限度地避免大马拉小车或小马拉大车的情况，既能保证农用动力机械充分发挥作用，节约燃油，也能提高作业效率。

（三）改变耕作制度降低能源消耗

我国传统农业的特点是精耕细作，但这种极具小农经济特点的生产方式是以过度的人力和资源消耗为代价的，在农作物和肥料品种不断更新、现代农业技术取得长足进步和农业产业化、集约化生产持续发展的今天，已明显不能适应当今农业可持续发展和建设节约型社会的形势要求。

目前，我国农业生产的工序繁多，用工量大、油耗高，使主要农产品生产成本长期居高不下。如传统旱作玉米生产，需要灭茬、翻耕、耙碎、糖平、镇压、播种、施肥、中耕除草、田间管理、收获、秸秆处理等 11 道工序，每亩机械作业耗柴油 6～8 千克，每亩作业成本 100 元左右，直接影响了农民的增收。实践证明，合理利用现代农业科技成果，改革种植结构和生产习惯，推行免耕、少耕的保护性耕作及水田旱育栽培等低耗能轻型耕作法，改进生产工艺，简化生产工序，减少机械作业量，可取得显著的节能降耗效果。以传统旱作玉米生产为例，如采用保护性耕作，一方面可以减少作业工序，实行免少耕，一般只需要秸秆地表处理、深松（每3～4 年松 1 次）、免耕施肥播种、除草、田间管理、收获等 5～6 道工序，每亩农田作业的柴油消耗减少3 千克左右，降低作业成本 30％以上。另一方面，保护性耕作通过蓄水保墒，提高水资源的利用率，增加土壤有机质等，还可提高粮食产量 10％以上。由于成本降低和产量增加，在一年两熟区保护性耕作节本增产带来的亩均综合经济效益达 100 元左右，一年一熟区 45 元左右。可见，改进和简化传统生产程序，改革耕作制度，不但是农机节能的重要途径，也是降低生产成本、促进农民增收的有效措施。

（四）合理规划地块和行车路线

我国的农业生产土地规模小，作物种植品种杂，且过于分散，影响了农机效率的发挥。在小型地块上作业，动力机械在作业中转弯、掉头、转移地块频繁，空行程、开闭墒次数增多，不但降低了作业质量，而且增加作业时间和燃料消耗、加大了作业费用支出。在我国目前的农业生产模式下，拖拉机耕地作业标定能耗指标与大型农场规模化作业模式相比，每亩耗油增加 20％以上。合理选择作业路线、科学安排作业计划，在一定的区域内统一作物品种，实行连片种植，采取连片作业，进行规模化生产，是提高农机作业效率、降低农机作业燃料消耗和农业生产成本的重要措施。

（五）提高操作技术减少油料浪费

农机要发挥正常的作用，除本身的特性外，机械的技术状态和驾驶员操作技术水平十分关键。要提高机手的节油意识，使其充分认识节油的重要性，通过正确的操作实现节油。要及时、合理地进行技术保养，保持所有部件和机构处于良好的技术状态，不带病作业。要实行报废制度，提高机械技术水平。要保持油料洁净，一般油料应沉淀 48 小时以上再使用。要定期对发动机进行耗油技术检测，正确调整气门间隙和喷油压力等。如果发动机因齿轮、凸轮轴磨损而引起配气相位角减小，要适当减少气门间隙，以弥补配气相位角的减小；凸轮轴严重磨损时应及时更换。

保持传动装置配合间隙合理，润滑良好，提高传动效率。杜绝燃油滴漏现象的发生。机器长期使用后，各连接部位就会出现接触不良、配合不当、垫片损坏、螺丝松动、导管变形或破裂、密封圈老化等，均会造成漏油，因此必须采取措施及时修复维护，防止滴漏。要保持发动机的正常工作温度，特别是在寒冷季节，尽量使水温保持在75～90℃，同时要按照季节选用油料。要掌握熟练的驾驶技术，避免不必要的停车换挡，行车途中不要猛加或猛减油门，尽量少用刹车。尽量在满负荷状态下工作，避免超负荷作业。如负荷不足，应采用高挡小油门运转，只要发动机转速达到适宜转数，就要及时挂入高挡。实践证明，负荷在85%左右最省油、最经济，机车超速行驶一般增加耗油率5%～10%。要及时清洗或更换空气滤清器、机油滤清器、柴油滤清器，减少进排气阻力，保持油路畅通，润滑良好。柴油滤清器，一般每工作100～200小时，就应清洗一次，并对油箱和各输油管道进行全面清洗。在季节过渡换油时，应对整个燃油供给系统的各零部件进行清洗。机油滤清器每工作180～200小时就要清洗一次。轮式拖拉机要保持正常的轮胎气压值，以减少运行阻力。

（六）提倡使用金属清洗剂

金属清洗剂是一种合成洗涤剂，分为固态和液态两种，目前应用的水基清洗剂是以表面活性剂为基体加入助洗剂、稳定剂、增溶剂、缓释剂、消泡剂等添加剂组成。金属清洗剂可以替代汽油、煤油和柴油等有机溶剂清洗金属机件，具有去污力强、防锈性好、无臭、无味、无毒、无刺激、无火灾危险等特点，使用工艺简单、安全可靠、经济实惠。1千克金属清洗剂可替代 20 千克油料，既节约了能源，又降低成本 50％。

金属清洗剂种类较多，选择的一般原则为"常温、高效、无毒、价廉"。采用压力喷淋清洗时应选用无泡沫产品；有加热条件时，应选用高效型清洗剂；手工清洗时应选用低温清洗剂。使用金属清洗剂时，一是金属清洗剂的配制浓度一般为 0.5％～5％，尽量选用硬度较低的水；二是清洗前零部件要在清洗液中浸泡一段时间，一般油垢零件 3～5 分钟，积炭层较厚的零件 40～50 分钟；三是清洗液温度应在 30℃以上，一般 50～60℃效果更好；四是常温手洗时可以用毛刷和钢丝刷刷洗，加热清洗时一般用吊篮放入清洗液中浸泡，浸泡后要晃动吊篮，并适当采用手洗。金属清洗剂清洗后不要再用水清洗，吹干即可，清洗液可以循环利用。

第五章　农机用户维权

　　《产品质量法》规定，售出的产品有下列情形之一的，销售者应当负责修理、更换、退货；给购买产品的用户、消费者造成损失的，销售者应当赔偿损失：①不具备产品应当具备的使用性能而事先未作说明的；②不符合在产品或者其包装上注明采用的产品标准的；③不符合以产品说明、实物样品等方式表明的质量状况的。根据《中华人民共和国消费者权益保护法》有关规定，消费者和经营者发生权益争议时，可以按照下列途径寻求解决，一是与经营者协商和解；二是请求消费者协会及农机质量投诉监督机构调解；三是向有关行政执法部门（工商、技术监督、物价等）申诉；四是根据与经营者达成的仲裁协议，提请仲裁机构仲裁；五是向人民法院提起诉讼，来维护自身的合法权益。

在发生质量纠纷后，农机用户在找农机经销商协商之前，应详细了解《消费者权益保护法》、《产品质量法》、《农机产品修理、更换、退货责任规定》（简称《"三包"规定》）以及相关法律、法规，搞清楚农机经销商在哪些方面损害了自身的权益，是维修、更换，还是退货，能得到多少赔偿，做到心中有数，依法提出合理的要求，经过协商达到满意解决。如果协商不成，可寻求其他途径解决。

消费者权益受到损害后，在"三包"有效期内，直接与经营者协商索赔不成时，可以选择向有关行政管理部门申诉，并出示证据，说明损害情况，提出合理的赔偿要求。如还不能依法做出满意的赔偿时，在下列情况下，可向当地人民法院提起诉讼；一是在与经营者协商不成的；二是消费者对消费者协会调解、已做出的赔偿决定不满意的；三是经营者拒不执行已做出的调解和赔偿决定的；四是消费者向消费者协会投诉经协商调解不成的。

一、投诉维权注意事项

农机用户在进行投诉维权时，要结合实际情况，提供必要的证据，依法提出合理的诉求才能保障自身的合法权益，切忌发生下面的情况：

一忌投诉无据。当农机用户的合法权益受了伤害，要向经营者"讨个说法"，就得有真凭实据，如果没有依据或提供证据不充分往往不易达到自己的维权要求。一要购买农机时要索要购机发票，二要注意收集发生质量问题后的相关证据，比如照片、更换下来的零配件以及作业时的录像都是有力的证明材料。

二忌坐失良机。有的农机用户在遇到质量问题时，往往听信生产厂家、经销商的"许诺"：有的表示"明天"就给你换，有的答应马上解决，有的说作业季都过了，现在修好了也没法验证等明年作业开始前我给你修等等，如果农机用户听信了这些"空头支票"，而不在"三包"期内进行投诉，最终往往会被经销商、生产厂家以超过"三包"期为由，拒绝提供"三包"服务，最终使自己的合法权益受到侵害，而无法维权。

三忌索赔无度。农机用户投诉时一定依照有关法律、法规进行投诉，要客观地反映实际问题，根据自己权益受损的程度实事求是地提出相对合理的赔偿或维权要求。有的农机用户在解决争议时漫天要价，盲目索要巨额赔偿，这样的索赔对维权是不利的，一方面给调解工作造成障碍，因为超越法律、法规规定的索赔要求，不可能获得有效支持。另一方面容易吓跑被投诉方，被投诉方在收到投诉方的诉求后，如果要求过高，被投诉方可能会采取消极的处理方式，任由投诉方到法院等机构进行起诉，最终可能导致投诉方花费了大量的时间、精力，却无法达到赔偿目的，所以这种做法很不可取。

二、农机产品"三包"期的规定及计算

（一）农机产品"三包"期的规定

2010 年 3 月 13 日，中华人民共和国国家质量监督检验检疫总局、中华人民共和国国家工商行政管理总局、中华人民共和国农业部、中华人民共和国工业和信息产业部联合颁布的《农机产品修理、更换、退货责任规定》（以下简称"三包"规定）中明确规定了整机及主要部件的"三包"有效期。

1. 内燃机

①多缸柴油机"三包"有效期为 1 年，单缸柴油机"三包"有效期为 9 个月；主要部件"三包"有效期为多缸 2 年，单缸 1.5 年。

> **小贴士**
>
> "三包"是相对产品而言的，是指产品的销售者、修理者、生产者应当履行"修理、更换、退货"的责任和义务，即通常所说的"包修、包换、包退"的责任和义务，"包修、包换、包退"简称为"三包"。

②二冲程汽油机"三包"有效期为 3 个月，四冲程汽油机"三包"有效期为 6 个月；主要部件"三包"有效期为二冲程 6 个月，四冲程 1 年。

2. 拖拉机

①18 千瓦以上大中型拖拉机"三包"有效期为 1 年，主要部件"三包"有效期为 2 年。

②小型拖拉机"三包"有效期为 9 个月，主要部件"三包"有效期为 1.5 年。

3. 联合收割机 联合收割机整机"三包"有效期为 1 年，主要部件"三包"有效期为 2 年。

4. 插秧机 插秧机整机"三包"有效期为 1 年，主要部件"三包"有效期为 2 年。

其他农机产品的"三包"有效期不得少于 1 年。

这里需要解释的一个问题是，如果内燃机作为主要部件组装到联合收割机、拖拉机等机械上时，其"三包"期限应该以联合收割机、拖拉机等机械的"三包"期为准，而不是内燃机自身的"三包"期。

(二) 农机产品"三包"期的计算

①"三包"有效期自开具发票之日起计算，扣除因承担"三包"业务的修理者修理占用和无维修配件待修的时间。

②"三包"有效期内换货的，换货后的"三包"有效期自换货之日起重新计算。

③主要部件在"三包"有效期内发生故障，更换后的主要部件的"三包"有效期自更换之日起重新计算。

三、换货、退货的条件

(一) 换货的条件

根据《农机"三包"规定》第 13 条规定，"三包"有效期内送修的产品，自送修之日起超过 40 日未修好的，修理者应当在修理状况中如实记载；销售者应当凭此据免费为农民更换同型号同规格的产品，然后依法向生产者、修理者追偿。第 14 条规定，产品自售出之日起 15 日内发生安全性能故障或者使用性能故障，农民可以选择换货或者修理，销售者应当按照农民的要求负责换货或者修理。第 15 条规定，整机"三包"有效期内，内燃机、拖拉机、联合收割机、农用运输机以及对"三包"故障有特

139

殊要求的其他产品，因发生《农机"三包"规定》附件 3 所列同一故障，修理两次后仍不能正常使用，由修理者负责更换总成或者部件。更换总成或者部件后仍不能正常使用的，凭修理者提供的修理记录和证明，由销售者负责为农民免费更换同型号同规格的产品。

整机"三包"有效期内，上款所列产品以外的产品，因同一安全性能或者同一使用性能故障，累计修理两次后不能正常使用的，由修理者负责更换总成或者部件。更换总成或者部件后仍不能正常使用的，凭修理者提供的修理记录和证明，由销售者负责为农民免费更换同型号同规格的产品。

内燃机单机作为商品出售给农民的，计为整机；作为农机配套动力的，计为总成。

（二）退货的条件

根据《农机"三包"规定》第 16 条规定，内燃机、拖拉机、联合收割机、农用运输车换货后 15 日内发生故障，农民可以要求退货，销售者应当负责为农民免费退货。

内燃机、拖拉机、联合收割机、农用运输车以外的产品，换货后 15 日内发生安全性能故障和使用性能故障的，农民可以要求退货，销售者应当负责为农民免费退货。

第 18 条规定，"三包"有效期内，符合换货条件的，销售者因无同型号同规格产品，或者因换货后仍达不到国家标准、行业标准或者企业标准规定的性能要求以及明示的性能要求，农民要求退货的，销售者应当予以免费退货。

四、农机质量投诉监督机构

为了贯彻落实《中华人民共和国消费者权益保护法》，把保护农民合法权益的工作落到实处，1996 年 5 月 31 日在农业部农业机械试验鉴定总站设立了全国第一家"中国消费者协会农机产品质量投诉监督站"。

2004 年 11 月颁布实施的《中华人民共和国农机化促进法》（以下简称《农机化促进法》）第十二条指出"国务院农业行政主管部门和省级人民政府主管农机化工作的部门根据使用者投诉情况和农业生产的实际需要，可以组织对在用的特定种类农机产品的适用性、安全性、可靠性和售后服务状况进行调查，并公布调查结果"。明确规定了国务院农业行政主管部门在职责范围内负责产品质量监督工作，建立健全农机质量投诉网络，受理投诉，并进行处理。依据投诉情况，开展质量督导及调查等工作。

为落实好农机购置补贴政策，根据财政资金补贴政策的要求，农业部先后下发了《关于加强财政资金补贴的农机产品质量调查监督工作的通知》（农机发〔2005〕4号）和《关于印发2005年财政资金补贴的农机产品质量调查监督管理工作方案的通知》（农办机〔2005〕11号），要求建立健全农机产品质量投诉监督体系，完成省级农机质量投诉监督站建设，在实施购机补贴政策的项目县及所属地市，建立健全农机产品质量投诉监督组织，落实负责机构、人员和办公场所，公布投诉电话，承担起投诉受理、协调处理纠纷和投诉情况分析上报等工作。

2008年1月14日农业部发布实施《农机质量投诉监督管理办法》。《农机质量投诉监督管理办法》的出台为农机质量投诉监督工作提供了依据，对建立健全农机质量投诉监督体系，有效开展农机质量投诉监督，促进农机产品质量、作业质量、维修质量和售后服务水平的稳步提高等方面都具有重要的意义。《农机质量投诉监督管理办法》要求各地要按照《农机质量投诉监督管理办法》的要求尽快明确农机质量投诉监督机构，建立健全农机质量投诉监督体系，有效开展农机质量投诉监督工作，切实维护农机所有者、使用者和生产者的合法权益，大力促进农机产品质量、作业质量、维修质量和售后服务水平的稳步提高。

小贴士

省级以上农机质量投诉监督机构名称及联系电话

中国消费者协会农机产品质量投诉监督站	010-59199031
北京市消费者农机产品质量监督站	010-67634525
天津市消费者协会农机产品质量投诉站	022-87893897-800
河北省消费者协会农机产品质量投诉监督站	0311-85873515
山西省农机产品质量投诉站	0351-6261353
内蒙古自治区农机产品质量投诉站	0471-4312210
辽宁省消费者协会农机产品质量投诉监督站	024-86521092
吉林省农机产品质量投诉站	0431-879744721
黑龙江省消费者协会农机产品投诉咨询服务中心	0451-53796977
上海市农机质量监督投诉站	021-57614931
江苏省消费者协会农机投诉站	025-86461939
浙江省消费者协会农机产品质量投诉监督站	0571-86757110
安徽省消费者协会农机产品质量投诉监督站	0551-5142218
福建省消费者委员会农机产品质量投诉监督站	0591-87511797
江西省农机产品质量投诉站	0791-6214241
山东省消费者协会农机投诉站	0531-88521315
河南省消费者协会农机产品质量投诉监督站	0371-65683135
湖北省消费者委员会农机产品质量投诉站	027-88028031
湖南省消费者协会农机产品质量投诉监督站	0731-85529315
广东省消费者协会农机产品质量投诉监督站	020-37373760
广西壮族自治区消费者协会农机产品监督投诉站	0771-3112041
海南省农机产品质量投诉监督站	0898-36326550
重庆市农机产品质量投诉监督站	023-49835778
四川省农业机械质量投诉监督站	028-87610683
贵州省农机产品质量投诉监督站	0851-5959823
云南省农机产品质量投诉站	0871-3647899
陕西省农机产品质量投诉监督站	029-88237837
甘肃省消费者协会农机具质量投诉监督站	0931-8322315
青海省农牧机械产品质量投诉站	0971-8252826
宁夏消费者协会农机产品质量投诉监督站	0951-6730615
新疆维吾尔自治区消费者协会农机产品质量投诉监督站	0991-4331315

截至 2010 年 12 月，全国农机管理系统共设立了各级农机质量投诉监督机构 1 789 个，其中，中国消费者协会设立的农机质量投诉监督机构 1 个，全国 32 个省（自治区、直辖市）中 31 省（自治区、直辖市）建立了农机质量投诉监督机构，333 个地级市中 250 个地级市建立了农机质量投诉监督机构，2 862 个区、县中 1 508 个区县建立了农机质量投诉监督机构。

五、全国农机质量投诉监督情况

全国投诉受理机构本着"热情接待，依法受理，准确判定，及时处理"的原则积极开展工作，扎实稳妥的处理农民投诉，以服务农民为出发点，以促进农机企业的发展为目标，仅 2005—2008 年共受理农民对各种农机的投诉 4 534 件，为农民挽回经济损失共计 4 918.92 万元。

（一）我国农机产品质量总体稳步提升

2005—2008 年全国各类农机投诉统计情况见表 5-1。

投诉数据显示，2005—2008 年拖拉机投诉 1 657 件，占总投诉数的 36.54%；联合收割机投诉 1 537 件，占总投诉数的 33.90%；柴油机投诉 175 件，占总投诉数的 3.86%；其他农机投诉 1 165 件，占

表 5 - 1 **2005—2008 年各类农机投诉件数统计**

（单位：件）

年份	拖拉机	联合收割机	柴油机	其他农机	合计
2005	419	277	56	350	1 102
2006	296	357	53	221	927
2007	533	440	46	358	1 377
2008	409	463	20	236	1 128
合计	1 657	1 537	175	1 165	4 534

总投诉数的 25.69%。但是 2005 年以来由于国家购机补贴政策的实施，全国农机产品保有量快速增长，截至 2008 年底我国的农机总动力达到 8.2 亿多千瓦，比 2005 年的 6.9 亿千瓦增长了 20%。其中拖拉机保有量 2 022 万台，比 2005 年的 1 679 万台增长了 20%；联合收割机 74 万台，比 2005 年的 48 万台增长了 54%；机动水稻插秧机 20 万台，比 2005 年的 8 万台增长了 150%；拖拉机配套农具 3 230 万部，比 2005 年的 2 706 万部增长了 19%。在农机产品社会保有量大幅增加的同时，农机投诉数量并没有出现相应的大幅增加，可见农机产品质量总体上稳步提升是我国当前农机产品质量状况的一个显著特征。

（二）大中型拖拉机产品质量有待提高

随着我国农机产业结构调整和装备结构的优化，拖拉机产业迎来了新一轮的发展契机，呈现出令人鼓舞的发展态势，大中型拖拉机的生产和销售形势十分火爆，生产大中型拖拉机的企业迅速增加，生产规模不断扩大。原来生产小型拖拉机的企业和生产工程机械的企业也纷纷转向大中型拖拉机的生产。全国大中型拖拉机保有量迅速增加，截至 2008 年底大中型拖拉机保有量约 300 万台，比 2005 年的 140 万台增长了 114%。因而大中型拖拉机产品质量也备受关注。

投诉数据显示，每年受理拖拉机的投诉量都占到总投诉量的 32%～38%，其中 2007 年受理拖拉机的投诉量占到了当年总投诉量的 38%，说明投诉拖拉机的数量相对较多。在对拖拉机的投诉中，投诉大中型拖拉机的又占很大的比例，尤其是 100 马力以上的拖拉机。在中国消费者协会农机投诉监督站受理的 100 件拖拉机投诉中，大中型拖拉机就占了 82 件。

投诉大中型拖拉机的质量问题主要集中在主体结构和基础部件上，如发动机、驾驶室、转向机构、变速箱、液压系统、轮胎等。主要表现在发动机下窜气过大，烧机油，"三漏"问题等；传动系离合器分离失灵、变速箱打齿、挂挡失灵等；液压系统分配器、机油泵、提升器易损坏；轮胎不耐磨、裂缝、起泡、橡胶脱落、扎胎等；另外，易损件中的轴承易损坏，机架断裂等也时有发生。

造成这些质量问题的原因，一是大中型拖拉机的技术含量较高，对齿轮、轴承等通用零件和变速箱体、后桥壳体等专用类零件的加工、装配精度和质量要求高，而目前有些企业在设计能力、生产条件、人员素质方面不能很好满足生产要求。二是个别企业只能自制少部分零部件，关键件由协作单位外包，对配套件质量控制不到位，零部件质量问题给整机产品质量埋下隐患。三是有些生产企业缺乏对大中拖拉机配套农机的作业特点、各地的农艺要求和适应性的了解，投入市场的产品适用性差。四是由于大中型拖拉机单台生产率高，作业面积大，销售战线长，企业多数依靠经销商进行售后服务，经销商在销售时对用户的指导和"三包"服务不到位。五是大型拖拉机结构复杂，保养维修要求高，用户使用水平低，用户一般不能解决出现的故障，保养不及时也是造成故障多的重要原因之一。

（三）联合收割机质量仍有差距

近几年，国家一直高度重视普及主要粮油作物播种、收获等环节机械化。2008 年全国机收水平达到 46％，三大作物中，小麦生产基本实现了机械化，水稻生产综合机械化水平超过 50％，玉米机收、油菜机收水平也呈现快速的发展态势。但是随着联合收割机保有量提升，联合收割机的投诉数量也在逐年增加。

投诉数据显示，2005 以来年联合收割机投诉占当年总投诉的比例逐年增长，2005 年联合收割机的投诉数量占当年总投诉的 25％，但 2008 年这一数据达到 41％。2008 年联合收割机的投诉数量比 2005 年的增长了 67％。可见，联合收割机的质量与农民的要求还有差距。

联合收割机投诉的质量问题主要集中在产品安全、粮食损失、零部件质量、售后服务等方面，如产品安全主要是防护装置安全距离不够、动力源停机装置不符合要求、发热部件热防护不符合要求等；粮食损失主要是脱不净、损失偏高，漏粮；零部件质量主要是原材料、标准件、液压件、橡胶件等故障多、可靠性差，尤其是易损件：皮带、轴承、割刀、链条、履带不能满足使用要求；售后服务不及时等。

造成这些质量问题的原因，一是我国的联合收割机技术水平与国际先进水平相比，在设计、工艺、结构合理性、操作方便性和使用可靠性等方面均有一定的差距。二是联合收割机结构复杂、技术含量高，需由专业人员保养、修理，由于用户不懂维护保养，小毛病不能及时发现解决，而导致大的故障发生。三是农忙季节由于售后服务人员不能及时到位，影响收割机的正常使用。四是个别用户购机后不参加培训或者培训不到位，在缺乏使用、保养、维护和作业经验的情况下进行收割作业，操作不当导致故障率较高。

另外，近两年玉米收割机的投诉呈现出逐年增长的趋势，其安全性、可靠性和适用性问题相对突出。2007 年玉米收割机的投诉量占联合收割机总投诉数的 29.09％，2008 年达到 44.71％。究其原因，玉米收割机进入市场较晚，部分玉米收割机企业生产规模相对较小，生产条件相对差，技术水平不高，致使玉米收割机械问题相对较多。玉米收割机投诉质量问题主要集中在以下几个方面：一是可靠性差、故障多；二是不适应当地玉米收割农艺要求，不对行、不适应高产玉米收获，损失率、破碎率高等；三是有的收割机的剥皮机构存在问题；四是个别产品的安全性差，部分产品安全防护装置和安全警示标志不齐全；五是售后服务及配件供应不及时，有些新产品投入市场后，企业不能及时了解产品的使用情况，在售后服务方面准备不充分，贻误农时。

（四）其他农机质量显著提升

随着我国农机化发展的不断深化，农机装备结构存在的"三多三少"（动力机械较多、配套农具少，小型农机较多、大中型农机少，低档次农机较多、高性能农机少）的问题得到一定程度的缓解。特别是一些常用的小型农机，如旋耕机、播种机、微耕机等，由于价格较低、易操作，深受农民的欢迎，农机保有量非常大，2008 年仅与大中型拖拉机配套农机就达到 435 万部，比 2005 年的 227 万部增长了 92%。

投诉数据显示，2005 年以来投诉其他农机的总量相对稳定并有所减少，每年约占总投诉量的 20% 左右，2008 年受理其他农机投诉量比 2005 年的下降了 33%。

投诉其他农机的质量问题主要集中在农机与拖拉机配套不合理、产品使用说明书内容不全或不明确、个别农机的安全性差、个别新开发的特种用途农机产品的质量不过关。

造成这些质量问题的原因，一是有些拖拉机说明书上未注明应配套的农机，容易错误配备，无法正常作业，甚至导致拖拉机或农机的损坏。二是有些企业的产品使用说明书没有严格按照有关标准要求编写，内容缺失或过于简单、含糊，有的虽有安全注意事项但不具体，不能有效的指导农民正确安全的操作、使用和保养机械。三是有的饲料粉碎机、铡草机等农机的安全问题相对突出。四是个别企业生产和销售一些特殊用途的农机，产品往往处于初级开发阶段就投放市场，无行业标准约束，技术不成熟，结构原理、可靠程度均存在问题。

六、农机投诉监督的涵义及其职责

（一）投诉监督的涵义

投诉监督是指依据农机投诉者反映的质量信息，有针对性地采取质量督导、质量调查、公布投诉结果等措施，从而达到解决纠纷，促进农机质量提高的活动。投诉监督包含投诉的受理、调节、处理工作和依据投诉反映的重要质量问题进行监督管理两层含义。

知识点

农机质量投诉者通常是指购买农机产品或作业、维修服务的农机用户或其代表。

农机用户是指为从事农业生产活动购买、使用农机的公民、法人和其他经济组织。

（二）投诉监督的目的

投诉监督目的是强化对农机质量的监督管理，规范农机质量投诉监督工作，提高农机质量和售后服务水平，维护农机所有者、使用者和生产者的合法权益。

（三）投诉监督的依据及范围

投诉监督依据《中华人民共和国农机化促进法》、《中华人民共和国产品质量法》、《中华人民共和国消费者权益保护法》、《农机安全监督管理条例》、《农机质量投诉监督管理办法》、《农机产品修理、更换、退货责任规定》、相关技术标准。投诉监督范围包括农机产品质量、作业质量、维修质量和售后服务。

知识点

农机质量一般是指农机产品质量，本书所称"农机质量"是指农机化质量，是农机产品质量和运用效果的有机结合。产品质量、作业质量、维修质量和服务质量共同构成了农机化质量的主要内容。

（四）投诉的受理和调解

农机质量投诉的受理和调解实行无偿服务，切实维护农机所有者、使用者和生产者三方的合法利益，保障工作的公正性。

为了方便农民投诉，减轻农民负担，《农机质量投诉监督管理办法》规定投诉网络的工作关系不实行逐级投诉的方法，而是鼓励投诉者就地就近进行投诉。

（五）投诉监督的职责及原则

县级以上人民政府农机化行政主管部门都应明确农机质量投诉监督机构并公布其农机质量投诉监督机构的名称、地址、联系电话、邮政编码、联系人、传真、电子邮件等信息。

1. 投诉监督机构职责

①受理农机质量投诉或其他行政部门转交的投诉案件，依法调解质量纠纷。必要时，组织进行现场调查。

②定期分析、汇总和上报投诉情况材料，提出对有关农机实施监督的建议。

③协助其他农机质量投诉监督机构处理涉及本区域投诉案件的调查等事宜。

④参与省级以上人民政府农机化行政主管部门组织的农机质量调查工作。

⑤向农民提供国家支持推广的农机产品的质量信息咨询服务。

⑥对下级农机质量投诉监督机构进行业务指导。

2. 对投诉监督机构人员要求

①热爱农机投诉监督工作，有较强的事业心和责任感。

②熟悉相关法律、法规和政策，具有必要的农机专业知识。

③经省级以上农机质量投诉监督机构培训合格。

3. 受理投诉的基本原则　农机质量投诉受理和处理的基本原则是客观公正、高效公益。

（1）客观公正　农机质量投诉监督机构要以客观公正的原则开展农机质量投诉监督工作。

客观公正性的保障是依法办事和尊重客观事实。

所谓依法办事就是农机质量投诉监督机构要依照国家法律、法规和规章，以及地方法规和规章，开展农机质量投诉监督工作。只有这样才能够保证规范、有效地解决投诉案件。

尊重客观事实就是农机质量投诉监督机构在投诉案件的处理过程中，综合运用农机设计制造、运输销售、使用维修等方面的专业技术知识，通过各种合法的手段，调查了解争议各方发生争议的焦点问题以及客观事实真相，以客观事实为依据，以法律法规和相关技术标准的规定为准绳，分清各方应负的责任，从而公平、公正地解决纠纷。

客观公正性的核心就是平等、公正、没有偏见地处理投诉，对投诉中的投诉方、被投诉方和其他相关方的任何一方以及其中的任何一个人不持偏见。

客观公正性原则要求主要包括主体公正、制度公正、行为公正等三个方面要求。

①主体公正。公正是一种道德标准，是人们意识中形成的潜移默化的、是非善恶的观念，光明磊

落、刚正不阿、铁面无私、疾恶如仇是公正作为道德人格的具体体现。体现政府农机质量监管职能的农机质量投诉监督机构作为处理投诉的主体从最高管理者到处理投诉的相关人员都应树立公正的观念。主体公正是确保处理投诉程序每一个环节公正性的前提，没有主体的公正就没有真正的公正。

②制度公正。农机质量投诉监督机构处理投诉的相关制度和措施要公正，并将公正落实到制度层面上，制定严格规范的处理投诉程序才能保证公正得以有效实施，工作人员才能无条件严格履行。离开制度公正，公正性就如同一纸空文。

③行为公正。行为公正就是要将公正性原则落实到实际的处理投诉工作中去，客观、真实、全面地了解投诉人的信息，公正地向投诉方、被投诉方及其他相关方核实情况，认真分析，及时处理投诉案件。行为公正是主体公正、制度公正的最终体现，也是有关各方感知农机质量投诉监督机构公正性的最直接途径。

（2）高效公益 农机质量投诉监督机构的高效公益性原则，主要体现在要有高效的工作机制，务实的工作态度以及为社会和谐稳定进行公益服务的精神。

高效的工作机制是指农机质量投诉监督机构要有一套完整的工作制度和程序，工作人员要有积极努力的工作态度，良好的分析、判断、处理问题的能力，高效及时地解决纠纷。特别是一些作业季节性强的农机，一旦在作业季节使用过程中发生问题，而又得不到解决，错过了作业季节，将会带来较大损失，因此高效的工作机制是十分重要的。

务实的工作态度是指在投诉案件的受理和处理过程中，要以解决问题为目的，务实地开展工作。针对一些简单的投诉案件，如果事实很清楚，在保证公正性的前提下，可以简化程序，灵活处理，尽量节约社会资源。在灵活处理投诉时，需要特别注意对事不对人，不能因人而异，只可因事而异。

公益性是指农机质量投诉监督机构是由农机化行政管理部门明确的公益性机构，农机质量投诉的受理和调解实行无偿服务。

七、投诉受理

（一）投诉工作程序

农机质量投诉受理和处理工作程序主要包括：投诉案件登记、对投诉案件是否受理的审查、案件受理后的调查、调解、结案和资料归档等几个过程。

（二）对投诉人的要求

投诉人在投诉时，应提供购机发票、购机合同、"三包"凭证、产品合格证、投诉人身份证以及投诉书，具体要求如下：

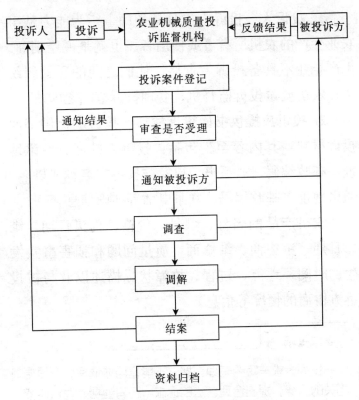

投诉受理和处理工作程序流程图

投诉时应提供相关凭证

1. 投诉人   投诉人应是具备民事行为能力从事农业生产的农机所有者或使用者。也就是说经销商、生产企业不具备投诉者资格，他们之间的质量纠纷不在农机质量投诉监督机构受理投诉范围之内。

2. 投诉应提供书面投诉材料   投诉应提供书面投诉材料，其内容至少包括：投诉人姓名、通讯地址、邮政编码、联系电话以及被投诉方名称或姓名、通讯地址、邮政编码、联系电话等准确信息。

农机产品的名称、型号、价格、购买日期、维修日期、销售商、维修商，质量问题和损害事实发生的时间、地点、过程、故障状况描述以及与被投诉方协商的情况等信息。

专家提示

投诉诉求一定要有理有据，不能盲目地填写，要根据相关的法律，提出合理合法的诉求，在有证据、有法律依据的情况下，更容易使被投诉方接受投诉方的诉求，便于达成调解协议，有利于维护投诉方的合法权益。

有关证据包括购机合同、购机发票、"三包"凭证、合格证等复印件。

明确的投诉要求、投诉者签名。

3. 书面投诉材料的格式   投诉人提供的书面投诉材料可以是包含前述规定内容的文字材料，也可以按一定格式进行填写（表 5 - 2）。

表5-2　投诉书

日期_____　　　　　咨询类型：来电□　来访□　其他□

投诉方	姓名：		联系电话：	
	邮政编码：		通讯地址：	
被投诉方	销售商名称地址：			
	邮政编码：	联系人：		联系电话：
	生产企业名称地址：			
	邮政编码：	联系人：		联系电话：
被投诉产品	产品名称：	品牌：		型号：
	是否享受补贴：	购买价格：		购买日期：
	维修商：			维修日期：
质量问题和损害事实	质量问题和损害事实发生的时间、地点、过程、故障状况描述			
自行协商情况				
提供的有关证据	□投诉者身份证件；□合同；□发票；□"三包"凭证；□合格证；□使用说明书；□广告和宣传材料；□实物及照片；□其他_____			
投诉要求				

投诉人：（签字）_____　　年　　月　　日

（三）投诉案件的登记

农机质量投诉监督机构接到投诉人的投诉后，首先会进行投诉案件的台账记录（表5-3），填写投诉案件登记表（表5-4）并建立档案。

表5-3　投诉案件台账记录表

| 序号 | 编号 | 投诉人 | 被投诉方 | 投诉产品 | 投诉 | 投诉 |
	日期	电话	联系人/电话	名称/型号	内容	要求
1	××××　××　×××					
2						
3						
4						
5						
6						

注：编号：<u>××××　××　×××</u>：××××，前四位代表年份；××，中间两位代表月份；×××后三位代表顺序号。下同。

表5-4 投诉案件登记表

编号：×××× ×× ×××

投诉方式：来电□ 来访□ 其他□

投诉方	姓名：		性别：		电话：	
	邮政编码：		地址：			
被投诉方	销售商（名称地址）：（第一被投诉方）					
	邮政编码：		联系人：		联系电话：	
	生产企业（名称地址）：（第二被投诉方）					
	邮政编码：		联系人：		联系电话：	
被投诉产品信息	产品名称：		品牌		型号：	
	是否享受补贴：		购买日期：		购买价格：	
	维修商：				维修日期：	
投诉情况	质量问题和损害事实	（质量问题和损害事实发生的时间、地点、过程、故障状况描述）				
	投诉原因类别/产品质量问题分类					
	自行协商情况					
	投诉要求					
受理情况	提供有关证据	□合同；□发票；□"三包"凭证；□合格证；□使用说明书；□广告和宣传材料；□实物及照片；□其他_____				
	受理理意见	□受理				
		□不受理	原因：			
	处理结果					
备注	免受损失（元）	增加赔偿（元）	政府罚没（元）	支持诉讼	揭露批评	其他
承办人		受理日期		结案日期		

注：投诉原因类别：产品质量、作业质量、维修质量、服务质量；产品质量问题：适用性（包括基本性能）、安全性、可靠性。

（四）投诉案件的审查

对投诉案件是否受理的审查主要包括以下内容：投诉人本身是否具备资格要求；投诉人提供的书面投诉材料是否符合要求；投诉内容是否符合要求。

通过审查符合上述三条要求的投诉案件，农机质量投诉监督机构应当受理，不符合的不予受理。

专家提示

不予受理五种情况：
①没有明确的质量诉求和被投诉方的；
②在国家规定和生产企业承诺的"三包"服务之外发生质量纠纷的（因农机产品质量缺陷造成人身、财产伤害的除外）；
③法院、仲裁机构、有关行政部门、地方消费者协会或其他农机质量投诉机构已经受理或已经处理的；
④争议双方曾达成调解协议并已履行，且无新情况、新理由、新证据的；
⑤其他不符合有关法律、法规规定的。

（五）投诉受理的时限

农机质量投诉监督机构接到投诉后，会在 2 个工作日内做出是否受理的答复，符合受理条件的按表 5-5 通知投诉者。不符合受理条件的，按表 5-6 通知投诉者并告知投诉者不受理的理由。

表5-5　投诉案件受理通知书

编号：×××× ×× ×××

投诉案件受理通知书（存根）

（投诉人）：

　　你投诉的（　　被投诉方　　）销售（生产）的（被投诉产品型号名称）产品一案，经审查符合受理条件，现予受理，望配合有关的调查处理工作。

　　　　　　　　　　　　　_____农业机械质量投诉监督站
　　　　　　　　　　　　　　　年　　月　　日

投诉案件受理通知书

（投诉人）：

　　你投诉的（　　被投诉方　　）销售（生产）的（被投诉产品型号名称）产品一案，经审查符合受理条件，现予受理，望配合有关的调查处理工作。

　　　　　　　　　　　　　_____农业机械质量投诉监督站
　　　　　　　　　　　　　　　年　　月　　日

××××××农业机械质量投诉监督站　　　地址：

邮政编码：　　　电话：　　　　　　传真：

表 5-6 投诉案件不受理通知书

编号：×××× ×× ×××

投诉案件不受理通知书（存根）

<u>　　　　</u>（投诉方）：

你投诉的（<u>　被投诉方　</u>）销售（生产）的（<u>被投诉产品型号名称</u>）产品一案，经审查决定不予受理，理由是<u>　　　　　　</u><u>　　　　　　　　</u>，不符合受理条件。

<u>　　　　</u>农业机械质量投诉监督站

年　　月　　日

投诉案件受理通知书

<u>　　　　</u>（投诉方）：

你投诉的（<u>　被投诉方　</u>）销售（生产）的（<u>被投诉产品型号名称</u>）产品一案，经审查决定不予受理，理由是<u>　　　　　　</u><u>　　　　　　　　</u>，不符合受理条件。

<u>　　　　</u>农业机械质量投诉监督站

年　　月　　日

××××××农业机械质量投诉监督站　　　地址：

邮政编码：　　　　电话：　　　　　传真：

农机质量投诉监督机构受理投诉案件后，进入案件处理程序。

（六）群体投诉事件的案件受理

知识点

10个以上的用户同时投诉同一厂家生产的同一型号产品的投诉事件称为群体投诉事件。

发生群体投诉事件的投诉案件，投诉人往往会表现出强烈的不满，情绪激动，甚至出现一些不理智行为。工作人员会按受理工作程序逐一单独进行受理，详细了解不同用户的农机产品发生的具体质量问题和各自投诉要求，尽量避免用户之间的相互情绪影响，使矛盾进一步激化。这样做有利于问题的解决，也有利于维护社会的和谐与稳定。

发生群体投诉事件农机质量投诉监督机构会及时报告本级人民政府农机化行政主管部门，同时逐级上报上级农机质量投诉监督机构。

八、投诉处理

农机质量投诉监督机构在处理投诉案件过程中，会通过行之有效的处理投诉过程运行，达到高效处理投诉案件，解决争议各方矛盾纠纷的目的。

　　农机质量投诉监督机构受理投诉后，会及时将投诉情况（表5-7）通知被投诉方，被投诉方应在接到通知后3日内进行处理，农忙季节应在2日内进行处理。

表5-7　投诉情况通知书

编号：××××　××　×××

投诉情况通知书（存根）

（被投诉方）：

　　（投诉方）投诉你方销售（生产）的（被投诉产品型号、名称）产品存在＿＿＿＿＿＿＿＿＿＿问题，我站已受理，请在接到通知后＿＿＿日内进行处理，并将处理结果以书面形式反馈我站。

＿＿＿＿＿＿农业机械质量投诉监督站

年　　月　　日

投诉情况通知书

（被投诉方）：

　　（投诉方）投诉你方销售（生产）的（被投诉产品型号、名称）产品存在＿＿＿＿＿＿＿＿＿＿问题，我站已受理，请在接到通知后＿＿＿日内进行处理，并将处理结果以书面形式反馈我站。

＿＿＿＿＿＿农业机械质量投诉监督站

年　　月　　日

××××××农业机械质量投诉监督站　　　地址：

邮政编码：　　　　电话：　　　　传真：

当事各方发生争议时，案件处理会进入下一程序。

农机质量投诉监督机构对已受理的投诉，会及时调查，认真研究，充分听取当事各方陈述，审查相关证据，对争议问题进行核实，准确定性。对于较复杂或重大的投诉案件，为准确掌握案件的真相，农机质量投诉监督机构会对相关各方进行调查。

当事各方是指投诉方和被投诉方；相关各方主要包括当地政府的行政管理部门、除投诉方以外的农机所有者、操作使用者、农机作业服务对象和目击证人等，以及未列入被投诉方但与案件有关系的生产企业、经销商、修理商等。

农机发生人身伤害和财产损失安全事故的，会邀请当地农机监理部门协助调查；发生道路交通安全事故的，会邀请当地交通安全管理部门协助调查。

调查方式：调查可以采用电话调查、信函调查、当面谈话、现场勘验调查等方式进行。

采用电话调查、当面谈话、现场勘验调查等方式进行调查时，工作人员应根据所了解的信息提前拟定调查提纲，以便调查时有的放矢，避免遗漏，在调查过程中工作人员会根据掌握的信息情况临时增加调查内容。

需要进行现场调查的，一般由投诉监督站的人员进行，当需要进行技术鉴定时，农机质量投诉监督机构会聘请农机鉴定机构人员参加。另外，农机鉴定可能需要到专门的试验室进行。现场调查需征得投诉双方同意后进行。

农机质量投诉案件在需要进行现场调查时应由至少两人共同完成。

工作人员会做调查记录。记录按表5-8格式进行。

表5-8 农机质量投诉案件调查记录

×××××农业机械质量投诉监督站					
调 查 记 录					
编号：×××× ×× ×××				共 页 第 页	
调查方式				时 间	
调 查 人				地 点	
被调查人		性 别		年 龄	
职 务		单位名称			
与案件关系		联系方式			
调查内容：					

调查内容主要包括以下几个方面：一是核实投诉人在投诉书中叙述的案件情况；二是对引发投诉的争议焦点进行详细的调查。在这方面会进行深入

的细节调查，比如故障发生的时间、地点，故障现象的详细和尽可能准确的描述，故障发生的原因，造成的损失，采用的处理措施，故障发生前有无征兆，使用操作情况是否有违规操作等。三是调查人员根据自己所掌握的专业知识对可能引发故障的相关情况进行调查。四是对于一些问题，被调查各方有不一致的说法，会根据掌握的新情况对有关各方进行多次的调查核实，直至弄清主要问题的真相为止。五是对于一些主要问题经多次调查仍不能得到争议各方的一致意见，但在处理过程中又必须搞清的事实，会建议进行检验或鉴定。检验或鉴定必须在争议各方一致同意的情况下进行。争议各方协商确定实施检验或鉴定的农机试验鉴定机构和所依据的技术规范。检验或鉴定所发生的费用由责任方承担。

调查结果的认定。调查工作结束后，工作人员会根据调查情况（选取被调查各方一致认可的事实）和检验或鉴定的结论，做出整个投诉事件的调查结论，以便进行下一步的调解工作。

如果在调查过程中被调查各方对一些主要事实分歧较大，且投诉监督人员难以认定，而又无法进行检验或鉴定；或在调查后认定被投诉方对投诉方提出的问题无任何责任；农机质量投诉监督机构会终止处理，向投诉方出具终止处理通知书（表5-9）。

表5-9 投诉案件终止处理通知书

编号：×××× ×× ×××

投诉案件终止处理通知书（存根）

(投诉方)：

你投诉的（____被投诉方____）销售（生产）的（____被投诉产品型号名称____）产品一案，现决定终止处理，理由是_____

_____。

_____农业机械质量投诉监督站

年　　月　　日

投诉案件终止处理通知书

(投诉方)：

你投诉的（____被投诉方____）销售（生产）的（____被投诉产品型号名称____）产品一案，现决定终止处理，理由是_____

_____。

_____农业机械质量投诉监督站

年　　月　　日

××××××农业机械质量投诉监督站　　　　地址：

邮政编码：　　　　电话：　　　　传真：

九、投诉调解

农机质量投诉监督机构在完成调查工作后，会进入案件调解阶段。

（一）调解依据

调解会根据投诉人的投诉要求和调查结果的事实，依照相关法法律、法规进行。主要依据包括以下几个方面：国家有关法律、行政法规和部门规章；有关地方性法规、规章；有关国家标准、行业标准、地方标准和企业标准；当事各方签订的书面合同或协议；被投诉方对外公开的有关承诺。

发生在"三包"有效期内的质量投诉，调解的主要法律依据是《农机产品修理、更换、退货责任规定》。

发生造成人身伤害、他人财产损害安全事故的质量投诉，调解的主要法律依据是《产品质量法》。

人身伤害和财产损失赔偿数额的计算，可参照公安部《交通事故处理程序规定》第七章第五十八条第（五）项之规定："计算人身损害赔偿和财产损失总额，确定各方当事人分担的数额。造成人身损害的，按照《最高人民法院关于审理人身损害赔偿案件适用法律若干问题的解释》规定的赔偿项目和标准计算。修复费用、折价赔偿费用按照实际价值或者评估机构的评估结论计算。"

（二）调解过程

进入调解程序后，会首先通知当事各方在规定的时间内参加调解，通知可能采用电话方式，必要时会向当事各方发出调解通知书（表5－10）。

调解人员是争议双方当事人的亲属或与当事人有利害关系，可能影响投诉调解公正处理的，应当回避。

调解过程应作笔录，调解双方及调解人员应在调解笔录上签字或盖章。

表5－10　投诉案件调查（调解）通知书

编号：×××× ×× ×××
投诉案件调查（调解）通知书（存根） （当事方）： 　　（投诉方）投诉（　　被投诉方　　）销售（生产）的（　　被投诉产品型号名称　　）产品一案，现决定进行调查（调解），请你方于____日前到我单位参加调查（调解），进行投诉案件处理工作。 　　　　　　　　　　　　　　农业机械质量投诉监督站 　　　　　　　　　　　　　　　年　　　月　　　日
投诉案件调查（调解）通知书   （当事方）： 　　（投诉方）投诉（　　被投诉方　　）销售（生产）的（　　被投诉产品型号名称　　）产品一案，现决定进行调查（调解），请你方于_____日前到我单位参加调查（调解），进行投诉案件处理工作。 　　　　　　　　　　　　　　农业机械质量投诉监督站 　　　　　　　　　　　　　　　年　　　月　　　日
××××××农业机械质量投诉监督站　　　地址： 邮政编码：　　　电话：　　　　　　传真：

被投诉方对投诉情况逾期不予处理和答复，在农机质量投诉监督机构催办 3 次后仍然不予处理的，视为拒绝处理（表 5 - 11）。

表 5 - 11　投诉案件催办通知书

编号：×××× ×× ×××

投诉案件催办通知书（存根）

<u>（被投诉方）</u>：

　　<u>（投诉方）</u>投诉你方销售（生产）的<u>（　被投诉产品型号名称　）</u>产品一案，现已受理，请你方在＿＿＿日内＿＿＿＿＿处理此案。

　　　　　　　　　　　　＿＿＿＿农业机械质量投诉监督站

　　　　　　　　　　　　　　　年　　　月　　　日

投诉案件催办通知书

<u>（被投诉方）</u>：

　　<u>（投诉方）</u>投诉你方销售（生产）的<u>（　被投诉产品型号名称　）</u>产品一案，现已受理，请你方在＿＿＿日内＿＿＿＿＿处理此案。

　　　　　　　　　　　　＿＿＿＿农业机械质量投诉监督站

　　　　　　　　　　　　　　　年　　　月　　　日

×××××农业机械质量投诉监督站　　　地址：

邮政编码：　　　　电话：　　　　　传真：

　　在调解过程中，主持调解的农机质量投诉监督机构工作人员，会向当事各方公布调查结果，说明各方共同认可的部分和有差异的部分，充分听取各方提出的处理意见和要求，调解工作人员会分别与当事各方单独进行谈话，详细说明该方的权利与义务，以及在纠纷解决过程中应负的责任，争取获得该方的认同。

经多次协商后当事各方观点仍有一定的差异，但差异不大有达成协议的希望，在这种情况下调解工作人员会在公平公正和法律法规允许的前提下，提出一个解决方案，供各方协商，如仍不能达成协议，则终止调解。

争议双方经调解达成解决方案的，会形成书面协议（表5-12），由农机质量投诉监督机构负责督促双方执行。

（三）调解的终止

争议各方分歧较大，无法达成和解方案的，农机质量投诉监督机构会给出书面处理意见后（表5-13），终止调解。投诉人可通过其他合法途径进行解决。

专家提示

终止调解五种情形：
①争议各方自行和解的；
②投诉人撤回其投诉的；
③争议一方已向法院起诉、申请仲裁或向有关行政部门提出申诉的；
④投诉人无正当理由不参加调解的；
⑤争议各方分歧较大，无法达成和解方案的。

表 5－12 农业机械质量投诉调解协议书

编号：×××× ×× ×××

农业机械质量投诉调解协议书

甲方（投诉人）：＿＿＿＿＿＿＿＿＿＿＿＿＿＿

乙方（被投诉方）：＿＿＿＿＿＿＿＿＿＿＿＿＿

调解方：××××××农业机械质量投诉监督站

我站于＿＿年＿＿月＿＿日受理的（投诉方）投诉（＿＿被投诉方＿＿）销售（生产）的＿＿＿（被投诉产品型号名称）＿＿＿质量纠纷一案（农业机械投诉案编号），经对当事双方调查，认定本案（＿＿＿＿＿＿）方（＿＿＿＿＿）有责任，＿＿＿＿＿＿＿＿，经调解协商，双方达成如下协议：

1.

2.

3.

4. 本协议一经签署，当事各方必须认真履行，当事各方不得再提出其他要求。

5. 本协议由××××××农业机械质量投诉监督站督促执行。

6. 未尽事宜协商解决；如有违约，当事各方不能协商解决，可进入司法程序。

（此协议一式数份，当事各方、调解方各执一份）

甲方：　　　　　　　　　　签　字：

乙方：　　　　　　　　　　代表签字：

调解方：××××××农业机械质量投诉监督站　代表签字：

　　　　　　　　　　　　　年　　月　　日

××××××农业机械质量投诉监督站　　地址：

邮政编码：　　　　电话：　　　　　传真：

表 5 - 13　投诉案件处理意见书

编号：<u>××××　××　×××</u>

投诉案件处理意见书（存根）

（当事方）：

　　（<u>投诉人</u>）投诉（<u>　被投诉方　</u>）销售（生产）的（<u>　被投诉产品型号名称　</u>）产品一案，受理后，经全面调查和多次调解，争议各方仍分歧较大，无法达成和解方案，现决定终止调解。可通过其他合法途径进行解决。

<u>　　　　　</u>农业机械质量投诉监督站

年　　　月　　　日

投诉案件处理意见书

（当事方）：

　　（<u>投诉人</u>）投诉（<u>　被投诉方　</u>）销售（生产）的（<u>　被投诉产品型号名称　</u>）产品一案，受理后，经全面调查和多次调解，争议各方仍分歧较大，无法达成和解方案，现决定终止调解。可通过其他合法途径进行解决。

<u>　　　　　</u>农业机械质量投诉监督站

年　　　月　　　日

××××××农业机械质量投诉监督站　　　地址：

邮政编码：　　　　电话：　　　　　　传真：

(四) 群体投诉事件的处理

农机质量群体投诉是指 10 个用户以上对基本相同的农机质量问题的投诉。群体性投诉事件的处理与普通的投诉案件基本相同，不同之处主要有以下三点：

①发生群体性投诉事件的产品往往在地区适应性、可靠性及产品设计和制造质量等方面存在比较严重的质量问题，调查工作会更认真、详细、全面、科学，必要时农机质量投诉监督机构会到产生这些产品的部门进行实地调查，或进行质量检测试验鉴定。

②在处理过程中对调查结果中认定的事实，会区分该型号农机产品共同存在的问题还是个别存在的问题。对共同存在的问题会分析产生问题的原因，找出解决的方法，在调解过程中被投诉方会针对存在的问题采用统一的解决问题方案；对于个别存在的问题会与投诉方个别协商解决。

③群体性投诉事件，由于投诉人数多、问题集中，社会影响大，稍有不慎可能会影响社会的和谐稳定，因此在处理过程中会特别慎重，严格按照工作程序，依法、公平、公正地进行工作。

十、农机质量投诉处理案例分析

（一）动力机械类

产品缺陷致损害，"三包"期外仍负责

【案情简介】

2005 年 8 月 14 日，河南省杞县农民朱某购买了一台 700 型拖拉机，使用一直正常。2006 年 9 月 14 日，朱某所雇机手将拖拉机头朝下停在了朱家门前的斜坡上。后据机手说，当时他拔掉了开关的钥匙，因停在斜坡上，还挂上倒挡。考虑到拖拉机后悬挂的秸秆还田机有几个刀片需要更换，饭后，这位机手挑灯更换刀片时，拖拉机突然自行点火，逆坡而行，将毫无准备的机手撞倒在地，还田机将其骨盆和头部轧伤。事故发生后，车主朱某即与经销商联系反映问题，经销商让用户找厂家联系，厂家答复：该车已超出"三包"期，不承担任何责任。用户要求经销商和厂家查看现场，却始终不见来人。无奈之下，用户向农机投诉部门投诉，要求厂方赔偿机手的住院费及医疗费用。

【处理过程及结果】

接到投诉后，农机投诉部门立即与厂方联系，厂方同样答复已过"三包"期，不予负责。当投诉

站工作人员指出因产品缺陷造成人身损害事故的责任与"三包"期无关时，厂方人员很是吃惊，表示不知有这种说法，并同意派人去用户家中调查。非常遗憾的是，当厂方人员到达时，用户正在使用拖拉机。用户表示，事故发生后，经销商未及时到现场查找原因，而拖拉机又奇怪的可以正常使用了。由于证据不足，该件投诉未能解决，但这件典型投诉案例却反映出经销商与生产企业对产品缺陷造成人身伤害事故与"三包"期无关的原则缺乏深入理解。

【案例评析】

《中华人民共和国产品质量法》第四十一条规定："因产品存在缺陷造成人身、缺陷产品以外的其他财产（以下称他人财产）损害的，生产者应当承担赔偿责任。

生产者能够证明有下列情形之一的，不承担赔偿责任：

（一）未将产品投入流通的；

（二）产品投入流通时，引起损害的缺陷尚不存在的；

（三）将产品投入流通时的科学技术水平尚不能发现缺陷的存在的。"

第四十四条规定："产品存在缺陷造成受害人人身伤害的，侵害人应当赔偿医疗费、治疗期间的护理费、因误工减少的收入等费用；造成残疾的，还应当支付残疾者生活自助费、生活补助费、残疾赔偿金以及由其抚养的人所必须的生活费等费用；造成受害人死亡的，并应当支付丧葬费，死亡赔偿金以及由死者生前抚养的人所必需的生活费等费用。

因产品存在缺陷造成受害人财产损失的，侵害人应当恢复原状或者折价赔偿。受害人因此遭受其他重大损失的，侵害人应当赔偿损失。"

第四十五条规定："因产品存在缺陷造成损害要求赔偿的诉讼时效期间为二年，自当事人知道或者应当知道其权益受到损害时起计算。

因产品存在缺陷造成损害要求赔偿的请求权，在造成损害的缺陷产品交付最初消费者满十年丧失；但是尚未超过明示的安全使用期的除外。"

以上规定说明，凡因产品缺陷造成人身损害的，一般情况下，在造成损害的缺陷产品交付最初消费者十年内侵害人应当赔偿有关损失。也就是因产品缺陷造成的人身伤害的责任与"三包"期无关。因此，朱某所购拖拉机发生伤人事故时，经销商及生产企业应立即派人至现场寻找事故原因，如确属产品缺陷所致，应当负责赔偿受害人一系列医疗费用。但是经销商及厂方拒绝看现场，造成证据丢失，成了无头之案。

由于经销商与厂方缺乏法律知识，逃避了应负的法律责任。

（二）收获机械类

性能故障有原因，协调维修延"三包"

【案情简介】

2006 年 11 月 17 日，浙江省消费者协会农机投诉部门接到嵊州市 3 位收割机手的投诉，称购买的某型号半喂入联合收割机在收割过程中存在脱粒不净、撒粮的现象。厂方修理但未能修理好，对此 3 位收割机手要求退机并赔偿耽误农时造成的经济损失共计 10 余万元。

【处理过程及结果】

接到投诉后，农机投诉部门会同县农机管理部门等有关人员立即赶到现场，对投诉的半联合收割机马上进行调查。经调查了解，嵊州市的 3 名收割机手于 2006 年 6 月购买该型号半喂入联合收割机，该机收割早稻和杂交水稻的时候情况均很好，甚至比其他同类产品还好，但在收割晚粳稻中在倒退及转弯时出现了脱粒不净、撒粮的情况，经修理仍不能解决此问题，经了解该公司的同类产品在其他省份也出现了类似的情况。农机投诉部门召集该公司相关人员和机手在绍兴县农机部门了解情况。通过双方的陈述以及现场的调查查看，造成这个问题的主要原因有：一是因为今年粳稻面积扩大、积温升高、整个收获期提前等因素造成了晚粳稻确有脱粒难的现象；二是机手操作不当，采用行走档进行收获作业。查清情况后，浙江省消费者协会农机产品质量投诉监督站多次组织厂家和机手进行协调，最终双方达成协议如下：

①由厂家对 3 台半喂入联合收割机免费更换出现问题的零配件总成。

②厂家对这 3 台半喂入联合收割机承诺延长 1 年的"三包"期。

至此，持续多日的半喂入联合收割机质量问题投诉得以顺利解决，双方握手言和。此案为农民挽回经济损失 2 万元。

【案例评析】

《中华人民共和国消费者权益保护法》第七条规定："消费者在购买、使用商品和接受服务时享有人身、财产安全不受损害的权利。消费者有权要求经营者提供的商品和服务，符合保障人身、财产安全的要求。"《中华人民共和国产品质量法》第二十六条规定："生产者应当对其生产的产品质量负责。产品质量应当符合下列要求：（一）不存在危及人身、财产安全的不合理的危险，有保障人体健康和人身、财产安全的国家标准、行业标准的，应当符合该标准；（二）具备产品应当具备的使用性能，但是，对产品存在使用性能的瑕疵作出说明的除外；（三）符合在产品或者其包装上注明采用的产品标准，符合以产品说明、实物样品等方式表明的质量状况。"根据以上规定，消费者在购买商品时，有权获得质量保证；生产者应当对其产品质量负责。

《中华人民共和国产品质量法》第四十条的规定："售出的产品有下列情形之一的，销售者应当负责修理、更换、退货；给购买产品的消费者造成损失的，销售者应当赔偿损失：（一）不具备产品应当具备的使用性能而事先未作说明的；（二）不符合在产品或者其包装上注明采用的产品标准的；（三）不符合以产品说明、实物样品等方式表明的质量状况的。销售者依照前款规定负责修理、更换、退货、赔偿损失后，属于生产者的责任或者属于向销售者提供产品的其他销售者（以下简称供货者）的责任的，销售者有权向生产者、供货者追偿。"

本案中某品牌半喂入联合收割机在售出当年就发生多台、多次故障，且维修后仍不能解决故障，所以厂方应当赔偿农民由于收割机故障造成的经济损失。

当然，收割机机手操作不当，未仔细阅读说明书，以行走档进行收获作业也是造成此故障的原因之一，也应当承担相应的责任。

（三）耕整地机械类

劣质产品问题多，集体退机解纠纷

【案情简介】

2005 年 3 月 18 日，广西农机投诉部门接到了象州县工商部门转来的关于象州县 7 户农民投诉某耕整机产品质量问题的集体投诉案件。这 7 户农民投诉象州县某经销点销售的 7 台（套）某耕整机存在多种质量问题，集体要求经销商退货。

【处理情况及结果】

2005 年 3 月 23 日，农机投诉部门会同广西农机检验部门和象州县工商部门对农民投诉的情况进行了深入细致的调查。通过对销售点调查发现，该产品在象州县有两个销售网点，自 2004 年 8 月起销售，到目前为止，共销售了 146 台。在调查的 46 台耕整机中有 28 台存在不同的质量问题，占 60.9%。两台抽检样机经法定质检机构检验判定为不合格产品。经过检验和调查发现该产品确实存在较多质量问题，这些产品普遍存在零部件质量低劣、零部件强度低、整机装配质量差、传动箱密封性差、变速箱铸造质量差、漆膜附着力低等质量问题，致使农民消费者购买的机子出现扶手把断裂、机架断裂、变速箱漏油、轴承损坏、离合器打滑、发动机漏油、挂挡失灵等现象，出现问题后，"三包"服务又不及时，耽误了农时，给消费者造成极大不便，侵犯了消费者的合法权益。

在掌握确凿证据后，农机投诉部门工作人员依据有关法律法规与经销商和厂家进行调解，经过多次协商，经销商终于同意7户农民退货并承诺全额退款，厂家也表示愿意召回该经销商所经销的全部产品，成功地调解了农机消费纠纷问题，7台同型号耕整机案件经调解也得到了有效的解决。

【案件评析】

《中华人民共和国产品质量法》第三十九条规定："销售者销售产品，不得掺杂、掺假，不得以假充真、以次充好，不得以不合格产品冒充合格产品。"《中华人民共和国消费者权益保护法》第四十四条规定："经营者提供商品或者服务，造成消费者财产损害的，应当按照消费者的要求，以修理、重作、更换、退货、补足商品数量、退还货款和服务费用或者赔偿损失等方式承担民事责任。"《中华人民共和国产品质量法》第四十条规定："售出的产品有下列情形之一的，销售者应负责修理，更换，退货；……（三）不符合以产品说明，实物样品等方式表明的质量状况的。"《中华人民共和国消费者权益保护法》第三十五条规定："消费者在购买、使用商品时，其合法权益受到损害时，可以向销售者要求赔偿。"《中华人民共和国消费者权益保护法》第三十九条规定："消费者因经营者利用虚假广告提供商品或者服务，其合法权益受到损害的，可以向经营者要求赔偿。"本案的耕整机经法定质检机构检验，已判定是不合格产品。经销商以不合格产品冒充合格产品销售，经销商曾在销售过程中介绍该产品能旋耕甘蔗菀，夸大了产品的功能，误导了消费者，侵害了消费者的合法权益。根据《中华人民共和国消费者权益保护法》第三十九条，消费者有权向经销商提出赔偿。根据以上规定，厂家应当承当产品质量责任。

（四）农产品初加工机械类

保养不善生祸端，调解补偿解忧难

【案情简介】

2005 年 1 月 11 日，云南省保山市农机投诉部门接到所辖隆阳区杨某的电话投诉，其于 2003 年 11 月 25 日在保山某农机公司购买的粉碎机因质量问题于 2004 年 12 月 31 日在使用中发生爆炸，爆炸飞出的碎片击伤了母亲，造成住院治疗，要求经销商赔偿医疗费 7 000 元。

【处理过程及结果】

接到投诉后，农机投诉部门的技术员迅速赶到该农机公司，并了解到事故发生后经销商及时与厂方联系，并受厂方委托查看了事故现场，用户与经销商在协商未果的情况下，用户便拨打了保山市农机投诉部门的电话进行投诉。调查了解得知，农户杨某于2003年11月25日以280元购买了一台某品牌的粉碎机，平时使用性能一直很好。但2004年12月31日在使用中粉碎机突然发生爆炸，爆炸物碎片飞出击伤了杨某的母亲，造成住院治疗费用达7 000元左右。投诉方杨某认为，该事故实属粉碎机质量有问题，要求赔偿受伤母亲医疗费7 000元；同时因家庭困难希望得到经销商的补偿。被投诉方农机部认为该粉碎机使用时间已达一年多，"三包"期已过；造成该事故的原因主要是杨某长期使用的粉碎机从不进行保养所致，不属于质量问题，因而不承担任何费用。

经实地调查，该粉碎机出厂手续完备，标识标志齐全，安全警示明显，使用一年来性能较好。造成该事故的主要原因是用户杨某对长期使用的粉碎机不维护不保养，长期高速运转振动使粉碎机钉齿螺丝松动，直至螺帽脱落，钉齿飞出，造成粉碎机体打碎，导致事故发生；但经销商也具有不可推卸的责任，主要是在销售过程中没有提示用户对粉碎机进行维护、如何进行保养，对用户杨某缺乏应有的售后服务中的维护保养指导。为此，投诉分站组织投诉方和被投诉方反复协商调解，并取得生产厂方同意，达成了如下调解协议：

①由经销商代表厂方（被投诉方）一次性给予投诉方杨某人民币5 000元的医疗补助。

②该事故产生的其他一切费用由投诉方杨某承担。

③自调解之日起，今后投诉方杨某及伤者因该事故导致的一切财产及人身安全概由投诉方杨某自己承担，与被投诉方无任何关系。

至此，投诉双方握手言和，此案为用户挽回经济损失5 000元。

【案例评析】

《中华人民共和国消费者权利保护法》第七条规定："消费者在购买、使用商品和主要受服务对象有人身、财产安全不受损害的权力。消费者有权要求经销商提供的商品和服务，符合保护人身、财产安全的要求"；第十一条规定"消费者因购买、使用商品或者接受服务受到人身、财产损害的，享有依法获得赔偿的权利"。因而投诉方要求被投诉方给予赔偿属正当的维权行为，同时应当得到赔偿。《中华人民共和国产品质量法》第二十二条规定，"销售者应当采取措施，保持销售产品的质量。"；第三十条规定"由于销售者的过错使产品存在缺陷，造成人身、他人财产损害的，销售者应当承担赔偿责任"；第三十二条规定"因产品存在缺陷造成受害人人身伤害的，受害人应当赔偿医疗费，因误工减少收入，残废者生活补助等费用"，粉碎农机有需经常进行维护保养，对钉齿经常检查紧固的缺陷，因而造成的事故生产厂方、销售方具有一定责任。

此事故主要责任主要是用户缺乏应有的粉碎机维护保养知识，且"三包"期已过。但值得一提的是，此事故在调解中，厂方（销售商）通情达理，促使了此次案件的顺利解决。

（五）农田基本建设机械类

机器设计存在缺陷，依法调解退货赔偿

【案情介绍】

2009年1月19日，辽宁省农机投诉部门接到辽宁省义县一农民对农用挖掘机的质量投诉，投诉者于2008年6月3日购买了某公司生产的WYL50型挖掘机一台，仅作业310小时，就出现以下质量问题：作业20分钟水温达到100℃，不能正常工作；起重臂各轴间无轴套，导致磨损严重；转向机连接螺丝多次松动、断裂；液压油管接头多次松动漏油；起重臂无限位装置，造成油管断裂。由于该车存在多处质量问题，用户强烈要求厂方退货并赔偿经济损失4.5万元。

【处理过程及结果】

接到投诉后，农机投诉部门立即同生产厂家联

系，根据用户的投诉要求，依法进行调解。厂方认为：用户所反映的质量问题与事实不符，其在使用中所出现的问题，是由于长时间超负荷作业造成的。在 2008 年 7 月份，曾经对该挖掘机进行过维修，该挖掘机没有质量问题。由于该挖掘机已经使用，必然会有损坏，因此，只能给予修理，不能退货。

由于双方意见分歧较大，不能达成一致意见，为此农机投诉部门委托辽宁省锦州市农机部门有关技术人员，到现场对挖掘机质量进行调查核实。经调查了解，该挖掘机工作时水温达到 100℃，是由于将液压油散热器安装在柴油机水箱散热器前面，并且发动机机盖前面无通风口，所以导致水箱温度过高。另外，液压油管接头松动漏油，每天需要更换多次垫片，造成液压油大量损耗，以及起重臂各轴间磨损严重、转向机连接螺丝松动、断裂等质量问题也都确实存在。事情调查清楚以后，农机投诉部门再次找到生产厂家，协商用户要求退货及赔偿损失问题，厂家答复，可以退货，但用户所提出的赔偿款数额太大不能接受。因此农机投诉部门再次和用户核实赔偿损失问题，用户也不能提供证明其损失的相关材料。最后通过双方多次协商调解，终于达成协议，厂家同意退还全部货款，并赔偿经济损失 2 000 元。

【案例评析】

《中华人民共和国消费者权益保护法》第十一

条规定："消费者因购买、使用商品或者接受服务受到人身、财产损害的，享有依法获得赔偿的权利。"

《中华人民共和国产品质量法》第二十六条规定："生产者应当对其生产的产品质量负责。产品质量应当符合下列要求：（一）不存在危及人身、财产安全的不合理的危险，有保障人体健康和人身、财产安全的国家标准、行业标准的，应当符合该标准；（二）具备产品应当具备的使用性能，但是，对产品存在使用性能的瑕疵作出说明的除外；（三）符合在产品或者其包装上注明采用的产品标准，符合以产品说明、实物样品等方式表明的质量状况。"

《农机产品修理更换退货责任规定》第十八条规定："'三包'有效期内，符合换货条件的，销售者因无同型号同规格产品，或者因换货后仍达不到国家标准、行业标准或者企业标准规定的性能要求以及明示的性能要求，农民要求退货的，销售者应当予以免费退货。"

根据以上法律法规规定，本案中所和涉及的挖掘机在使用 310 小时就出现多处故障，说明该机不具备产品应当具备的使用性能，经过农机技术人员调查认定水箱散热器设计上存在缺陷，所以，厂家应当退还全部货款，并赔偿经济损失。

（六）畜牧水产养殖机械类

使用"三无"产品，导致安全事故

【案情简介】

2006 年 3 月 21 日，大足县一农户委托律师向重庆市农机投诉部门投诉，其于 2003 年 9 月 12 日购买了一台荣昌县一个体经销商自行组装的青饲料切碎机，在 2005 年 5 月 12 日使用该机器时，农户右手中间 3 指被切断两节。与经销商就赔偿多次协商未果，希望农机投诉部门委托质量鉴定。

【处理过程及结果】

经调查了解，投诉情况基本属实。该机器为经销商自己组装销售的"三无"产品，产品的安全性能存在严重隐患。安全事故发生后，农户到荣昌县质量技术监督部门和工商部门进行过投诉，但均未得到解决。委托律师要求进行质量鉴定，鉴于农户家庭经济困难，经联系，市农机质检部门按照国家相关标准，免费对该机器进行了检测，其安全项目不符合国家强制性标准要求，并出具了检验报告。建议农户通过法律途径解决赔偿问题。

【案例评析】

《消费者权益保护法》第七条："消费者在购买、使用商品和接受服务时享有人身、财产安全不受损害的权利。消费者有权要求经营者提供的商品和服务，符合保障人身、财产安全的要求"。第十八条："经营者应当保证其提供的商品或者服务符合保障人身、财产安全的要求。对可能危及人身、财产安全的商品和服务，应当向消费者作出真实的说明和明确的警示，并说明和标明正确使用商品或者接受服务的方法以及防止危害发生的方法"。《中华人民共和国产品质量法》第四十四条："因产品存在缺陷造成受害人人身伤害的，侵害人应当赔偿医疗费、治疗期间的护理费、因误工减少的收入等费用；造成残疾的，还应当支付残疾者生活自助具费、生活补助费、残疾赔偿金以及由其扶养的人所必需的生活费等费用"。

在本次投诉中，经销商自行组装销售的机器给农户造成了残疾，应该给予赔偿。通过本案例，提醒消费者一定要购买手续齐全（如本案例中的青饲料切碎机属于生产许可证管理产品）、标志完整（如本案例中的产品属"三无"产品）的机器，谨防发生安全事故。

（七）种植施肥机械类

播种机耽误农时，依法维权讨公道

【案情介绍】

2007 年 8 月 13 日，辽宁省农机投诉部门接到阜新县农民马某投诉电话，他于 2007 年 3 月 26 日购买的 2BQ - 2 型气吸式精密播种机，在春季播种过程中出现深施肥铧子经常断裂，施肥口不出肥，播种有深有浅等质量问题，因厂家售后维修服务不及时，要求退货并赔偿经济损失。

【处理过程及结果】

接到投诉后，农机投诉部门工作人员立即同当地农机技术人员一起进行现场调查，经调查了解，农民马某是于 2007 年 3 月 26 日购买的 2BQ - 2 型气吸式精密播种机，该机由 5 个播种单体组配而成，同时可以播种 5 行，售价为 6 200 元。从 5 月 5 日开始进行春耕播种，从第一天播种时，就出现深施肥铧子断裂，施肥口不出肥，播种深浅不一样，而且无法调整等质量问题，因该机在"三包"期限内，农户曾向厂家提出过维修要求，有些故障经过多次修理，仍不能彻底解决，由于播种机经常出现故障，耽误了农时，延长了播种期，给农民造成了很大的经济损失。

经农机投诉部门及阜新县农机技术人员对该机故障现场勘察和向农民询问以后，确认该机器存在质量问题如下：

①该机压地轮两边的铁板短，操纵压地轮的铁杆短，无力支撑；连接覆土器的铁板短，覆回的土把压地轮卡住；承受压地轮和覆土器上边的槽钢焊接不好，经常掉下来，深施肥的铧子经常断裂等机械故障，需要经常焊接后才能使用，农民仅焊接费

用已支出 450 元。

②肥料箱不规则，不好盖盖子。深施肥底下的出肥口经常被土堵住，不漏肥，需要经常停车检查。

③播种效果不好，播种机着地时不一致，有高有低，无法调整，播种有深有浅；而且压地轮太小，无力压种子；没有达到精密播种的技术要求，简直就成了大垄散播，不但没有节省种子，反而造成浪费。据农民反映实际播种每亩多用种子750克。

查清该机器故障原因后，农机投诉部门工作人员立即找到生产厂家领导，协商解决播种机质量问题，厂家提出退货可以，但因该机器已经使用了一个作业期，并经用户自己焊接维修过多次，不能按原价退货。经多次和生产厂家、当地经销商以及农户进行依法调解，双方最终达成和解协议，即按原价退回3个播种单体，农户保留2个播种单体继续使用，农户用于机器维修的费用450元由厂家承担。

【案例评析】

《中华人民共和国消费者权益保护法》第七条规定："消费者在购买、使用商品和接受服务时享有人身、财产安全不受损害的权利。消费者有权要求经营者提供的商品和服务，符合保障人身、财产安全的要求。"

《中华人民共和国消费者权益保护法》第十条规定："消费者享有公平交易的权利。消费者在购买商品或者接受服务时，有权获得质量保障、价格合理、计量正确等公平交易条件，有权拒绝经营者的强制交易行为。"

《中华人民共和国产品质量法》第四十条规定："售出的产品有下列情形之一的，销售者应当负责修理、更换、退货；给购买产品的消费者造成损失的，销售者应当赔偿损失：（一）不具备产品应当具备的使用性能而事先未作说明的；（二）不符合在产品或者其包装上注明采用的产品标准的；（三）不符合以产品说明、实物样品等方式表明的质量状况的。销售者依照前款规定负责修理、更换、退货、赔偿损失后，属于生产者的责任或者属于向销售者提供产品的其他销售者（以下简称供货者）的责任的，销售者有权向生产者、供货者追偿。销售者未按照第一款规定给予修理、更换、退货或者赔偿损失的，由产品质量监督部门或者工商行政管理部门责令改正。生产者之间，销售者之间，生产者与销售者之间订立的买卖合同、承揽合同有不同约定的，合同当事人按照合同约定执行。"

根据以上法律条款，本案中农民马某在购买精密播种机时，有权获得其产品质量保障，享有财产安全不受损害的权利。因从第一天使用精密播种机时，就出现了深施肥铧子断裂，施肥口不出肥，播种深浅不一样等质量问题，说明该精密播种机"不具备产品应当具备的使用性能"、"销售者应当负责修理、更换、退货",并应当赔偿消费者的经济损失。

（八）收获后处理机械类

机器出故障协商未果，投诉获赔偿问题得解决

【案情简介】

2008 年 9 月 22 日，河南省农机投诉部门接到宁陵县农民孟某的投诉，其 2008 年 8 月份购买的某品牌玉米脱粒机出现了质量问题，农机在作业时上料机不转动，与经销商协商解决未果。

【处理过程及结果】

受理投诉后，农机投诉部门先与产品经销商宁陵县农机销售中心取得联系，对农户的投诉内容作进一步的了解，在经销商协助下与生产厂家取得了联系，经过多方协商，由厂家技术人员对农机进行鉴定维修，为农户免费更换了输送槽，顺利排除了农机故障，并赔偿用户 50 元误工费，圆满解决了投诉问题。

【案例分析】

《中华人民共和国消费者权益保护法》第七条规定："消费者在购买、使用商品和接受服务时享有人身、财产安全不受损害的权力。消费者有权要求经营者提供的商品和服务，符合保障人身、财产安全

的要求。"《中华人民共和国产品质量法》第四十条规定："售出的产品有下列情形之一的，销售者应当负责修理、更换、退货；给购买产品的消费者造成损失的，销售者应当赔偿损失：（一）不具备产品应当具备的使用性能而事先未作说明的；（二）不符合在产品或者其包装上注明采用的产品标准的；（三）不符合以产品说明、实物样品等方式表明的质量状况的。销售者依照前款规定负责修理、更换、退货、赔偿损失后，属于生产者的责任或者属于向销售者提供产品的其他销售者（以下简称供货者）的责任的，销售者有权向生产者、供货者追偿。"

本案某品牌玉米脱粒机在作业时上料机不转动属产品质量缺陷，所以生产厂应当给农户免费维修并赔偿损失。

（九）农用搬运机械类

广告误导出事故，厂家认错担责任

【案情简介】

1997 年 12 月，甘肃景泰县某农民购买了一台双排座农用运输车，使用 3 个多月就更换了 16 个钢圈、2 个轮胎、6 根半轴（由厂方"三包"人员负责更换）。1998 年 6 月用户将车运至厂方，更换了前后桥总成，使用至 11 月，又断了 9 根半轴（用户自费更换）。11 月 21 日，用户开车送货途中，爬坡时半轴突然断裂、刹车失灵翻车，车上所装白酒起火，车、货全部烧毁损失 4 万余元。用户认为该车后桥有质量问题，厂方应该负责赔偿，用户曾多次打电话与厂方联系，均无明确答复。1999 年 1 月，用户向农机投诉部门提出投诉。

【处理过程及结果】

接到农民投诉后，农机投诉部门工作人员即与厂方联系，核实以上情况，厂方答复如下：该车已过"三包"期，且厂方多次为其服务，还免费为其返厂大修。之所以发生如此多的故障，是因其超载运行，平时又不注意保养车辆造成，厂方不再负责。当农机投诉部门将此答复告知用户时，用户不服，提出在购车时因看到厂方提供的宣传广告上写的："装 3 吨货轻轻松松不发飘"，才选购的，而出翻车事故时所装货物仅 1 吨重，半轴就断了。同时，用户还提供了厂方的宣传广告，广告确如用户所说，甚至还有"装 4 吨货，轻轻松松不发飘"字样。

农机投诉部门对此投诉十分重视，派人到现场调查，发现用户反映问题属实。还听取了同样购买该种运输车的其他 4 位农民的意见，他们同时反映了运输车发生的半轴断裂、机架裂、后桥壳体裂，甚至刹车失灵造成翻车的各种问题，同时也反映，是看了厂方鼓励超载广告后才买的车。此后，双方一起进行了协商，厂方承认广告内容存在问题，误导了农民购机，购机后由于超载又造成故障。经过协商，达成一致意见：厂方负责修理机械，赔偿农民经济损失。赔偿车、货烧毁损失 5 万元。农民们对此次投诉的调解表示满意。

【案例评析】

按照标准，农民购买的这种型号的四轮农用运输车的重量应为 0.5 吨，生产企业却在广告中宣传自己的产品"轻轻松松拉 3 吨不发飘"，以此吸引农民购买，实际上起到了促使农民超载运行的作用。该项投诉中 5 位农民在使用中均有不同程度的超载现象，长期超负荷运行造成了半轴断裂、机架开焊、后桥壳体开裂，甚至翻车事故的频频发生，不仅非常危险，而且机械故障的多次发生，又给农民造成了经济损失。

《中华人民共和国广告法》第四条规定："广告不得含有虚假的内容，不得欺骗和误导消费者。"这家企业的广告恰恰违反了广告法的这条规定。超载固然是农民所为，是错误的，应加强教育，但广告误导在先，因此厂方应对超载造成的后果负责。

参 考 文 献

农业部农业机械化管理司，农业部农机推广总站 . 2008. 中国农业机械化重点推广技术［M］. 北京：中国农业大学出版社.

农业部农民科技教育培训中心，中央农业广播电视学校 . 2008. 农机技术服务［M］. 北京：中国农业科学技术出版社.

科学技术部中国农村技术开发中心 . 2006. 伪劣农机具快速鉴别［M］. 北京：中国农业科学技术出版社.